VANESSA ENGELSTÄDTER

RESILIENZ BEI HUNDEN

FÜR EINEN GELASSENEN UMGANG MIT KONFLIKTEN UND STRESS

MIT KOSMOS MEHR ENTDECKEN
HUNDE STARK MACHEN
SEIT 1822

KOSMOS

INHALT

Hier bin ich mit Tobi, mein derzeitiges Lerngeschenk auf vier Pfoten.
Vertrauen und Respekt im Miteinander sind immer mein persönliches Ziel.
Der gemeinsame Weg dahin ist oft steinig, doch stets lohnenswert.

Lass uns reisen!

Wir werden gemeinsam Neues entdecken, Altbekanntes aus einem anderen Blickwinkel betrachten und Wege zu mehr Gelassenheit und Stabilität für dich und deinen Hund finden. Ich stelle dir verschiedene Brillen zur Verfügung, durch die du Situationen anschauen und bewerten kannst. Manchmal reiche ich dir auch eine Lupe, damit du jedes Detail betrachten kannst, wenn du es genauer wissen möchtest.
Die erste Station unserer Reise findet am Meer statt. Bei allen weiteren Reisezielen lohnt es sich, immer mal wieder einen Blick zurück auf diese Geschichte zu werfen.

SZENE 1

Das Meer glitzert. Lilly liegt auf einer Luftmatratze auf dem Wasser, die Hände sind in das kühlende Nass getaucht und spüren den Wellengang. Sie genießt ihren Urlaub. Ab und zu blinzelt sie zum Strand und schaut zu ihren Hunden, Bella und Leo. Bella ist eine ehemalige Straßenhündin aus dem Tierschutz. Ihr weißes Fell leuchtet hell in der Sonne, und ihre schwarze Schwanzspitze sieht wie ein Pinsel aus, den man in schwarze Farbe getunkt hat. Sie tobt am Strand und freut sich wie immer ihres Lebens. Leo ist Lillys alter Golden Retriever, der eher gemütlich unterwegs ist und jetzt gerade in der Sonne döst, alle Viere von sich gestreckt. Plötzlich kommen zwei fremde Hunde an den Strand gestürmt. Beide Hunde haben ein präsentes Auftreten. Mit aufgestellter Rute staksen sie auf Bella und Leo zu. Bella reagiert als Erstes und geht am Boden schnuppernd in einem Bogen auf die Hunde zu. Leo bleibt liegen. Bella nimmt Kontakt über das Riechen am Hinterteil des einen Hundes auf. Schnell entspannt sich die Situation. Die angespannten Muskeln der fremden Hunde lockern sich. Es wird ein kleines Laufspiel unternommen. Leo wird ebenfalls munter und buddelt ein Loch, die anderen Hunde buddeln mit. Die Besitzerin der beiden Vierbeiner kommt jetzt auch dazu. Sie nickt Lilly kurz zu und geht zusammen mit ihren Hunden am Strand weiter. Lilly schließt die Augen und genießt den leichten Wellengang.

SZENE 2

Bella und Leo beschäftigen sich noch eine Weile mit dem gebuddelten Loch und legen sich nach getaner Arbeit hin. Auf einmal wird es laut. Kinderstimmen brüllen, Erwachsene schimpfen und ein Bollerwagen poltert. Ein ganzer Pulk von

»Zweifel und Unsicherheit begleiten die meisten Hundehalterinnen im Alltag.«

Menschen kommt über die Düne. Bella schaut interessiert und richtet neugierig ihre Ohren auf. Eine Schar von Kindern läuft die Düne runter – direkt auf die Hunde zu. Bella wartet noch eine Weile ab, doch als diese sie freudig ansprechen, läuft sie ihnen entgegen. Leo bleibt liegen und wird von einigen Kindern gestreichelt. Ein jüngeres Kind stolpert und fällt direkt auf Leo. Leo beschnuppert es und schleckt ihm über das Gesicht. Das Kind lacht und steht wieder auf. Der Pulk zieht vorbei – es kehrt wieder Ruhe ein.

SZENE 3

Lilly liegt weiterhin auf ihrer Luftmatratze und döst.
Nach einer längeren Zeit der Ruhe kommt eine Frau mit ihrem angeleinten Hund an den Strandabschnitt. Sie zögert, als sie die beiden unangeleinten Hunde sieht und nimmt die Leine

Neue Situationen können sehr aufregend sein, wie würde sich dein Hund verhalten?

merklich kürzer. Sie geht einen größeren Bogen um Bella und Leo, die kurz die Neuankömmlinge anschauen, ihren Blick dann abwenden und liegen bleiben. Sie merken: Hier ist kein Kontakt erwünscht.
Lilly paddelt mit den Armen auf ihrer Luftmatratze langsam Richtung Strand. Ihre Hunde begrüßen sie dort freudig und werden ausgiebig gestreichelt. Sie packt ihr Handtuch und die Luftmatratze zusammen, Leinen hatte sie nicht dabei. Lilly geht zurück zu ihrem kleinen Häuschen am Meer, Bella und Leo folgen ihr.

WAS DENKST DU ÜBER DIESE SZENEN?

Du kannst sie aus unterschiedlichen Blickwinkeln betrachten. Zum Beispiel mit der problemfokussierten Sicht: Was hätte alles passieren können! Lilly hat nicht verantwortungsvoll gehandelt. Was, wenn es zu einem Beißvorfall unter den Hunden gekommen wäre oder Leo das Kind gebissen hätte, als es plötzlich auf ihn gefallen ist? Du kannst auch nach innen hören und deine Gefühle und Emotionen wahrnehmen. Vielleicht bist du ein wenig traurig, denn so entspannt wärst du auch gerne im Umgang mit deinen Hunden. Oder du freust dich, dass Lilly so tolle Hunde hat und selbst zur Entspannung findet. Vielleicht zweifelst du an dir oder an der Geschichte. Was hast du alles verkehrt gemacht, denn deine Hunde sind nicht so entspannt? Gibt es denn überhaupt so gelassene Hunde?

Versteht mein Hund mich? Auch kleine Unsicherheiten werden in der Körpersprache und Mimik sichtbar.

Diese Gefühle nagen an einem. Und sie werden sichtbar: In der Körpersprache zeichnen sich die Gedanken ab und haben damit einen direkten Einfluss auf den Hund. Dazu aber später mehr.
Eventuell hinterlässt die Vorstellung der Geschichte ein ungutes Gefühl bei dir, weil du, wie ich auch, bereits unverträgliche Hunde an der Leine hattest und genau diese Situation: unangeleinter Hund am Strand zusammen mit einer sorglosen Besitzerin, deine größte Befürchtung ist, wenn du im Urlaub bist. Ich verstehe dich gut!

BLICK DURCH DIE RESILIENZBRILLE

Betrachten wir die Szenen jedoch einmal durch die Resilienzbrille. Sicher hast du erkannt, dass beide Hunde sich von nichts aus der Ruhe bringen ließen. Die Besitzerin Lilly ist in die Geschehnisse am Strand nicht eingeschritten, weil sie es nicht musste. Es gab keinen Klärungsbedarf. Die Hunde haben alle Situationen selbstständig gut gemeistert. Das spricht für eine emotionale Stabilität und zeigt auf, wie die Resilienz auch im Alltag wirken kann. Du findest bei Bella und Leo einige Resilienzfaktoren, die zu einem angemessenen Umgang geführt haben: eine Sozialkompetenz und Anpassungsfähigkeit, ein selbstwirksames und sicheres Handeln, eine optimistische Sicht auf die unerwarteten neuen Situationen und damit einhergehend eine große Portion Gelassenheit. Ein resilientes Denken und Handeln schützt nicht nur in den Fällen großer Krisen, es findet auch im Kleinen statt und hilft, den ganz

normalen Alltag mit seinen Herausforderungen zu bestehen – bei unseren Hunden wie auch bei uns.
In diesem Buch zeige ich dir die Wege auf, die du mit deinem Hund gehen kannst, um genau diese Krisen-Reaktionskraft zu stärken. Das Wunderbare daran ist die Wirkung direkt an der Wurzel des Stresssystems. Ein Resilienztraining ist kein oberflächlicher Anstrich, der aufgetragen wird und wenig Beständigkeit zeigt. Es ist ein Tiefengrund, der stets seine nachhaltige Wirkung hat. Ein resilientes Denken und Handeln ist keine Methode, keine Ideologie und keine Trainingsrichtung. Es ist eine Art Meta-Kompetenz, die andere Fähigkeiten zum Umgang mit Stress und Traumata erst sichtbar werden lässt.
Ich freue mich, dich auf diese Reise mitzunehmen und dir mit deinem Hund mehr Stärke und Kraft für den Alltag zu geben. Denn wie der Stressforscher Hans Selye es gerne formuliert, gehören Stress und Konflikte als Würze des Lebens dazu. Und wäre es nicht schön, wenn du und dein Hund einen besseren Umgang damit bekommen und sogar gestärkt aus den Widrigkeiten des Alltags herausgehen könnt? Dann lass uns loslegen!

Was kann ich zulassen, wo sollte ich einschreiten? Ein resilienter Hund zeigt kaum eine schnelle Eskalation unangemessener Verhaltensweisen.

LOS GEHT DIE REISE: BITTE EIN-STEIGEN!

Das Wissen um das Stresssystem deines Hundes verhilft ihm zu mehr Gelassenheit in konfliktreichen Situationen.

Ein wichtiges Gepäckstück: die Resilienzbrille

Wozu ist die Resilienz gut, was kann sie bewirken und was nicht? Welche Stolpersteine können auf dem Weg zur Resilienz liegen und wo gilt es, ein kritisches Auge darauf zu werfen?

Ich spreche in diesem Zusammenhang gerne von der Resilienzbrille. Das ist eine „Wissensbrille", die du aufsetzen kannst, um Situationen oder ein Verhalten zu bewerten. In der Mensch-Hund-Beziehung gibt es viele verschiedene Brillen, beispielsweise die Kommunikationsbrille für die verständlichen Gespräche, die Beziehungs- und Bindungsbrille in unterschiedlichen Stärken, die lupenreine Verhaltensbrille, die Erziehungs- und die Traumabrille mit all ihren Facetten.

Die Resilienzbrille wirft einen Blick auf die Wurzel des Stresssystems. Sie verschafft dir einen guten Überblick, wie dein Hund und du im Stress aufgestellt seid. Stellenweise betrachten wir das Thema auch durch eine Lupe. Hier wird es dann etwas fachlicher und tiefgehender.

Eine klare Sicht auf das Verhalten des Hundes im Stress hilft dabei, ihn besser zu verstehen und passend zu reagieren.

Was ist Resilienz?

Vielleicht hast du dieses Wort bereits des Öfteren gehört. Gerade in unsicheren Zeiten wird von einer guten Resilienz und ausreichender Stresskompetenz gesprochen, die dabei helfen, Widrigkeiten und Krisen gesund zu überstehen.

Resilienz ist unsere psychische Widerstandsfähigkeit. Es braucht Kompetenzen, die uns durch schwierige Zeiten bringen und uns Sicherheit verschaffen, um sie geistig und körperlich gesund bestehen zu können. Die Resilienz wird auch als das ganz normale Wunder bezeichnet. Denn jeder trägt sie in sich: die Kraft, sich selbst heilen und unterstützen zu können. Manchmal ist diese durch Erlebnisse vergraben und muss erst freigeschaufelt werden. Dieses „Schaufeln“ ist ein gutes Sinnbild für die Arbeit an der Resilienz.

DER WORTURSPRUNG

Das lateinische Wort „Resilire“ bedeutet „zurückspringen, abprallen“. Der Begriff Resilienz kommt ursprünglich aus der Werkzeugkunde und definiert ein Material, welches nach einer Bearbeitung wieder in die eigentliche Form zurückfindet. Auch Ökosysteme können resilient sein, wenn sie sich nach einem Zusammenbruch wieder aufbauen. Ein Beispiel findest du in Tschernobyl, wo sich nach der atomaren Katastrophe die Natur wieder selbst aufgebaut hat. Dreißig Jahre nach diesem verheerenden Vorfall ist es ein Naturparadies geworden, in dem sich seltene Tierarten den Lebensraum zurückerobert haben.

Selbst in der Zahnmedizin findet dieses Wort Gebrauch, wenn die Mundschleimhaut bei äußeren Einflüssen nachgibt. Eine Gesellschaft wird ebenfalls als resilient bezeichnet, sobald sie nach einer

Obwohl eine unruhige Zeit vor dir steht, kannst du gelassen bleiben, wenn du deine Fähigkeiten kennst.

»Die Resilienz ist mit einem Baum zu vergleichen, der durch die starken Wurzeln einen widerstandsfähigen Stamm und eine grüne Baumkrone besitzt und so auch trockene Zeiten gut übersteht.«

Eine Arbeit an der Resilienz bedeutet, die Wurzeln zu stärken, die das gesamte System unterstützen.

Katastrophe wie einer Überschwemmung oder einer Pandemie wieder in den Alltag zurückfindet, inklusive des Lerneffekts, das nächste Mal besser darauf vorbereitet zu sein.

In diesem Buch geht es vor allem um die individuelle und persönliche Resilienz deines Hundes. Diese Resilienzdefinition hat ihre Ableitung aus der Psychologie und Pädagogik. Als eine Art Immunsystem schützt sie die Psyche deines Vierbeiners vor krankmachenden Einflüssen. Je resilienter dein Vierbeiner ist, desto gelassener kann er auf Stress, Konflikte und Reize reagieren, desto schneller wird er sich nach Krisen wieder entspannen und regenerieren können.

Die Geschichte der Resilienz

Die wissenschaftliche Forschung untersucht schon seit fast 100 Jahren den Begriff der Resilienz, deren Definition und wie sie im Menschen entstehen kann.

Es gibt vier große Wellen der Resilienzforschung, die ihren Anfang während des Zweiten Weltkriegs fand. Damals ging es in erster Linie um die vom Krieg geprägten Kinder. Einigen erging es durch das Erlebte sehr schlecht, andere zeigten sich psychisch und körperlich gesünder. Woher kam dieser Unterschied, fragten sich die Forscherinnen? Es folgten viele Untersuchungen, und so fand der Begriff Resilienz in den 1950er-Jahren den Weg in die Psychologie. Um diese Widerstandsfähigkeit besser zu verstehen, ging es in der ersten Welle zuerst um das „Was": Was ist Resilienz und was macht sie aus? Die zweite Welle konzentrierte sich auf die Prozesse der Resilienz, also eher um das „Wie?". Wie entsteht Resilienz? Welche Risikofaktoren gibt es, die zu einer mangelnden Resilienz führen? Der Blick auf den Menschen führte dabei immer weiter weg von seinen Krankheiten, hin zu der Gesunderhaltung – der sogenannten Salutogenese. Die dritte Welle beschäftigte sich dann mit der Förderung der Resilienz. Was braucht es, um eine gesunde Resilienz zu entwickeln?

Die moderne Forschung

Jede Welle ließ neue Erkenntnisse und Rückschlüsse zu. Die derzeitig vierte Welle bringt weitere interessante Neuigkeiten. Vor allem durch die Neurowissenschaft, die aufzeigt welche Prozesse im Gehirn ablaufen. Dabei werden auch die körpertherapeutischen Einflüsse auf die Resilienz betrachtet. Dieses Forschungsfeld zeigt sich vielversprechend und wird noch viel Gutes für uns und vor allem für unsere Hunde bereithalten. Als körpersensible Lebewesen sind sie sehr offen für diese Form der Therapie.
Die Forschung zeigt deutlich auf, dass die Resilienz ein Prozess ist und kein feststehendes Wesensmerkmal. Das macht ihre Möglichkeiten der Gesunderhaltung so interessant und besitzt einen großen Mehrwert für alle Lebewesen.

Resilienz garantiert eine gute Lebensqualität bis ins hohe Alter. Das zeigt uns hier Akim, 12 Jahre alt, fast blind und taub, doch immer noch voller Lebensfreude.

»Da alle resilienten Prozesse im Gehirn von Mensch und Hund ähnlich ablaufen, gelten viele Merkmale auch als übertragbar.«

Dein Hund kann resilient werden

Dank der Neuroplastizität des Gehirns kann eine Arbeit an der Resilienz immer Früchte tragen, egal wie alt dein Hund ist oder welche Vorgeschichte er hat.

Einige Hunde haben durch ihre Genetik, Persönlichkeit und den passenden Lernerfahrungen einen größeren Vorsprung und sind bereits sehr gut in diesem Bereich ausgestattet. Hier zeigt das „ganz normale Wunder" der Resilienz täglich seine Wirkung. Ein gutes Beispiel konntest du bei unserer ersten Station am Meer lesen: Bella ist solch ein resilienter Hund. Sie hat sich angepasst und angemessen verhalten, ohne dass ein ständiger Eingriff durch Lilly nötig war. Andere Hunde dürfen hier noch wachsen und brauchen etwas mehr Unterstützung, um zukünftig gelassener mit Stress und Konflikten umgehen zu können.

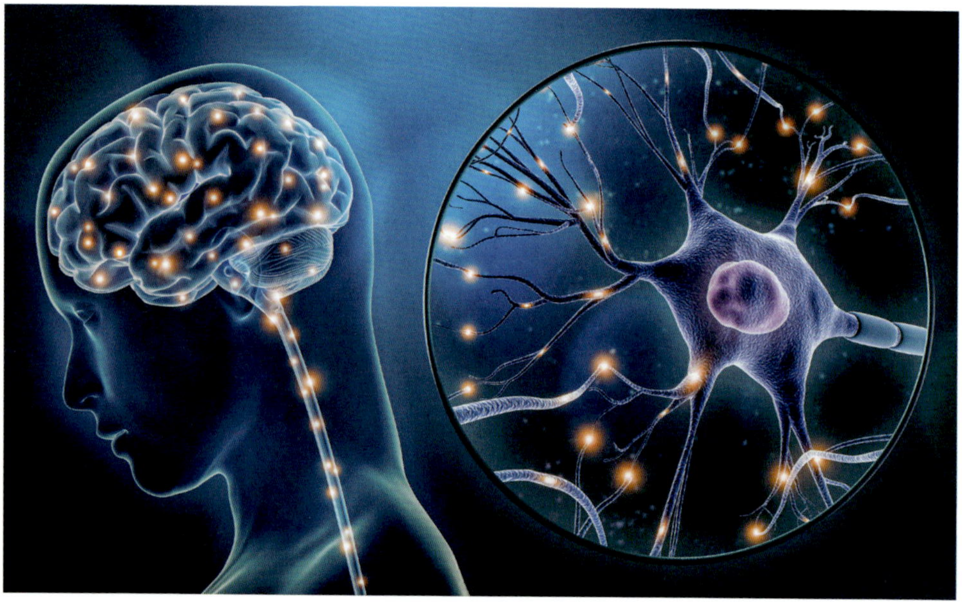

Die Neuronen im Gehirn eines Lebewesens sind stets aktiv, neue Informationen sorgen für eine gute Stimulation.

EXKURS NEUROPLASTIZITÄT

Das Datennetzwerk im Gehirn

Neuroplastizität ist die Fähigkeit des Gehirns, jederzeit neue Synapsen und Nervenzellen zu bilden. Ein Lernen von neuen Verhaltens- und Denkweisen ist immer möglich. Nach dem Motto „Use it or loose it!" wird durch die Ansprache der Synapsen das Datennetzwerk ausgebaut. Ein gutes Beispiel dafür ist das „positive Denken".
Es sorgt für positive Emotionen und ist ein Faktor für Entspannung und Gelassenheit. Wird durch ein Training geübt, in vielen Dingen erst einmal das Positive zu sehen, statt gleich das Problem, sorgt die Neuroplastizität dafür, dass sich diese Art des Denkens ausweitet. Wie ein trainierter Muskel wird der Blick für das Positive immer stärker. Durch diesen Prozess stoßen wir positive Botenstoffe an, dadurch reagiert unser gesamter Organismus auf diese Veränderung. Das klappt auch bei deinem Hund!

Selbst bei Hirnschädigungen kann durch die Neuroplastizität vieles aufgefangen werden. Andere Areale im Gehirn übernehmen durch Training und regelmäßige Ansprache die Funktion. So ist unser Gehirn ein Anpassungswunder, geprägt durch das, was wir fühlen, denken und tun.

Nach stressigen Situationen wieder in die Entspannung zu finden, schafft vor allem ein resilienter Hund.

Die Resilienz erkennt man in der Krise

Ob dein Hund resilient ist oder hier noch wachsen darf, erkennst du erst klar und deutlich, wenn er vor einer potenziell belastenden Situation steht, sie erlebt hat und nachfolgend, wie schnell er wieder in ein entspanntes Verhalten findet.

1

Wie verhält sich dein Vierbeiner in unvorhersehbaren und neuen Situationen? Mit welcher Bewertung geht er in eine neue Begebenheit? Wie schnell schafft er sich nach stressigen Ereignissen zu beruhigen? Welche Strategien nutzt er, um einen Konflikt aufzulösen?
Die Antworten auf die Fragen sind genauso individuell, wie alles an deinem Hund. Denn was für den einen Hund ein kleines stressiges Erlebnis bedeutet, welches schnell wieder abgeschüttelt wird, kann für den anderen eine stark negativ behaftete Situation darstellen und einen bleibenden Eindruck hinterlassen.

DIE KRITISCHE RESILIENZ-BRILLE

Fast könnte man meinen, die Resilienz sei ein Allheilmittel. Doch wie jeder Aspekt im Hundetraining gehört auch ein wissenschaftliches und kritisches Durchleuchten dazu. Gerade bei unseren Hunden, die einen natürlicheren Umgang mit Verhaltensweisen wie beispielsweise der Aggression haben, kann schnell gedacht werden, ein resilienter Hunde sei immer lieb und brav, einfach zu erziehen und läuft problemlos überall mit. Solch ein Denken führt zu Missverständnissen und ist zudem stressverschärfend.

2

3

1 Wie werden neue Situationen bewertet? Skeptisch, misstrauisch und eher ernst …

2 … oder grundsätzlich offen, neugierig und in freudiger Erwartung?

3 Immer lieb? Einigen Rassen sagt man dieses nach. Manchmal zu ihrem Leidwesen, wenn ihre Gutmütigkeit über die Maße strapaziert wird.

Andere Rassen müssen hier eher mit Vorurteilen kämpfen.

»Ein Training zur Veränderung des Denkens und Handelns ist jederzeit möglich.«

Denn den „immer lieben" Hund gibt es nicht immer. Wer so denkt, wird schnell enttäuscht oder frustriert sein. Doch es gibt wunderbare vierbeinige Persönlichkeiten, die es wert sind, sie anzunehmen mit all ihren Ecken und Kanten.

Wie viel Platz hat das natürliche Hundeverhalten in der Resilienz? Deinen Hund zu stärken, bedeutet auch Ideen, Meinungen und Motivation wachsen zu lassen. Es gibt Hunde, die sich gerne und leicht anpassen, genauso wie starke Persönlichkeiten mit einer hohen Motivation und eigenständigem Denken und Handeln. Die Hundewelt ist bunt in ihrer Vielfalt.

ZUSAMMENFASSUNG: WAS IST RESILIENZ?

Die Resilienz eines Lebewesens ist eine Art Meta-Kompetenz. Sie hilft, eigene Kompetenzen im Umgang mit Stress, Problemen und Widrigkeiten nutzen zu können, vor allem um geistig und körperlich gesund zu bleiben. Sie lässt neue Bewältigungsstrategien entdecken und Handlungsmöglichkeiten wachsen. Außerdem schafft sie Raum für Ruhe und Regenerationsphasen, damit die Kräfte wieder gesammelt werden, um im Alltag weiter bestehen zu können.

WAS IST RESILIENZ NICHT?

- ein starres System
- ein Teflonеffekt, an dem alles abperlt
- eine Methode
- ein einmaliges Training
- nur von der Persönlichkeit abhängig
- immer lächeln
- nie wieder Stress oder Konflikte erleben
- immer einen lieben Hund haben

Ein resilienter Hund mit eigener Meinung in bestimmten Situationen.

REISEVORBEREITUNG – DAS PUZZLE DER RESILIENZ

EMERGENCY BRAKE
TECDOX

RESILIENZ HAT VIELE EINFLÜSSE

Rasseeigenschaft, Persönlichkeit, Lern- und Bindungserfahrung so wie die Umweltbedingungen.

Ein Konflikt bedeutet noch keine Krise, wenn das Stresssystem grundsätzlich stabil ist.

Puzzleteil 1:

Konflikt, Krise, Trauma und die Resilienz

Die Basis eines guten Trainings ist das Verständnis für den Hund und sein Verhalten, damit der gemeinsame Weg in die passende Richtung geht und keiner auf der Strecke bleibt.

»Die persönliche Resilienz ist wie ein großes Puzzle aus vielen Teilen. Es dauert, bis es passend zusammengesetzt ist, es ändert sich sogar immer mal wieder. In der Gesamtheit zeichnet sich das Bild dann passend zum Mensch-Hund-Team ab.«

Die Resilienz ist ein sogenanntes Multi-Faktoren Modell, d. h., sie ist abhängig von vielen Faktoren. Wenn du etwas in dem Bereich verändern möchtest, lohnt es sich, so individuell wie möglich darauf zu schauen und sich zeitgleich der Komplexität bewusst zu sein.
Da die Resilienz erst bei negativen Erlebnissen sehr wichtig wird, schauen wir uns einmal an, wann wir überhaupt von einer Krise, einem Konflikt oder sogar von einem Trauma sprechen.

DER KONFLIKT

Ein Konflikt ist ein kurzzeitiges Ereignis. Es stellt eine Art kleine Herausforderung dar und bringt eine Anpassung des Verhaltens mit sich. Es kommt dabei noch nicht zu einem vollständigen Verlust der Sicherheit, sondern es ist eher ein kurzes Verlassen der Komfortzone.

Daily hassles

Konflikte können als „daily hassles" bezeichnet werden, sogenannte alltägliche Ärgernisse oder Unannehmlichkeiten, die es gilt zu bewältigen. Das Stresssystem wird dabei kurz hochgefahren und reguliert sich dann. Nach einiger Zeit befinden sich Körper und Geist weitestgehend wieder im Gleichgewicht. Es gibt auch Konflikte, die mehr Unterstützung brauchen, doch insgesamt werfen sie das Stresssystem nicht völlig aus der Bahn. Hier wirken noch die natürlichen

Hunde reagieren individuell auf Stress. Die Rassezugehörigkeit trifft keine alleinige Aussage über die Reaktionswahrscheinlichkeit.

Regulationsmöglichkeiten ohne große Mühe. Die Konfliktfähigkeit eines jeden Lebewesens ist von dem inneren Sicherheitsgefühl abhängig. Wurde ein Trauma erlebt, können sich aus kleinen Konflikten schnell große Krisen entwickeln. Die natürliche Regulationsfähigkeit funktioniert nicht richtig, hier spricht man auch von einem dysfunktionalen Konflikt- oder Stresssystem.

DIE KRISE

Eine Krise ist grundsätzlich ein größerer Verlust des Sicherheitsgefühls. Ist sie nur kurzzeitig und das Lebe-

wesen findet wieder zurück in ein entspanntes Verhalten, sagt man diesen Krisen nach, dass hier ein Wachstum möglich sei.
Neue Handlungsmöglichkeiten wurden entdeckt und das Wissen geschaffen, so etwas überstehen zu können. Daraus ergibt sich mehr Selbstwirksamkeit für die nächsten kleinen und großen Krisen. Allerdings braucht es hier mehr Kraftaufwand, um sich wieder in den regulierten Sicherheitszustand einzupendeln. Hier hilft eine gute Basis an Stress- und Resilienzkompetenzen. Bei uns Menschen kann dieses Resilienzwachstum im

In der Krise geht die Sicherheit verloren, der Umgang mit Stress zeigt sich hier besonders deutlich.

»Nach einer gesund überstandenen Krise ist die Resilienzkraft gewachsen.«

Unterschied zu Hunden sogar in Gedanken entstehen: Durch Selbstreflektion und Vorstellungskraft können wir uns bereits auf Stressoren einstellen und uns wappnen. Dieser Unterschied wird in der Verhaltenstherapie als „in vivo" und „in sensu" bezeichnet. Hunde werden übrigens ausschließlich „in vivo" trainiert.

DAS TRAUMA

Bei einem Trauma findet ein vollständiger Verlust der Sicherheit statt. Das Lebewesen schafft es kaum in ein entspanntes Verhalten zurück. Der Körper und Geist finden sehr schwer eine Bewältigungsmöglichkeit. Damit nicht allzu schnell von einem Trauma gesprochen oder umgekehrt ein Trauma nicht erkannt wird, ist es wichtig, den Begriff etwas genauer anzuschauen. Denn wird ein traumatisierter Hund als unerzogen eingestuft, entsteht ein ganz anderer Umgang mit ihm. Oder umgekehrt, ein unerzogener Hund, der kaum Grenzen kennt, wird in die Schublade „Trauma" gesteckt. In beiden Fällen würde man nicht passend handeln, und der Hund oder die Umwelt sind die Leidtragenden.

1

2

1 Ein Training im Leben, denn das lässt sich nicht aussperren.

2 Umso besser, wenn sich der Konflikt positiv auflöst.

IN VIVO UND IN SENSU

Die Verhaltenstherapie hat viele unterschiedliche Herangehensweisen.
In vivo (lat. im Lebendigen) bedeutet direkt vor Ort, also am Reiz mit dem Lebewesen zu arbeiten. So kann beispielsweise bei Höhenangst eine Konfrontationstherapie in der Höhe stattfinden. **In sensu** (lat. in der Empfindung) bedeutet, mit der Vorstellungskraft zu arbeiten – bei Menschen ein sehr wirkungsvolles Mittel, um Gedanken und Verhaltensweisen neu auszurichten. So können z. B. durch Rollenspiele zukünftige Situationen durchgespielt und damit besser gelöst werden. Bei Hunden arbeiten wir fast ausschließlich „in vivo". Diese Unterscheidung ist wichtig, wenn es um die Übertragung aus dem verhaltenstherapeutischen (Menschen-)Wissen auf den Hund geht.
Gerade die bei Hunden oft genannte systematische Desensibilisierung ist bei Menschen gut untersucht. Sie läuft in den meisten Fällen „in sensu" ab. Eine Übertragung auf den Hund muss genau geprüft werden, bevor der eindeutig definierte Begriff verwendet wird. Bei unseren Vierbeinern würde man eher von einer **Reizsensibilisierung** „in vivo" sprechen: also direkt am Reiz arbeitend.
Für Hunde bedeutet das, im alltäglichen Leben trainiert zu werden, um Erfahrungen zu sammeln und nicht unter sterilen Laborbedingungen. Nur so erhöht sich die Resilienz.

Trauma, Krise oder Konflikt? Es bedarf einer umfassenden Betrachtung, bevor beurteilt wird.

Begriffsdefinition Trauma

Ein Trauma beschreibt in erster Linie eine Verletzung. Diese kann auch körperlich sein, in dem die Haut oder der Knochen verletzt wird. Das Psychotrauma verletzt die Seele.
Es ist ein belastendes Ereignis oder eine Situation außergewöhnlicher Bedrohung. Es kann kurz oder lang anhaltend sein oder ein katastrophenartiges Ausmaß haben. Das Ereignis ruft bei fast jedem eine tiefe Verzweiflung hervor. Diese Definition ist nach der Weltgesundheitsorganisation im ICD-11 Katalog zu finden, der dazu dient, Krankheiten und Gesundheitsprobleme zu klassifizieren.
Ist eine Bewältigung oder Kontrolle nicht möglich, kann eine Belastungsstörung entstehen. Hier spricht man von der posttraumatischen Belastungsstörung (PTBS). Selbst Menschen, die nicht unmittelbar bedroht worden sind, aber direkt dabei waren, können traumatisiert sein.

Ein Trauma bedeutet eine dauerhafte Erschütterung des Selbst- und Weltverständnisses. Das Vertrauen in einen selbst und in die Umwelt ist verloren. Gefühle wie Hilflosigkeit und Schutzlosigkeit sind überpräsent. Das traumatisierte Lebewesen zeigt sich nachhaltig beeindruckt, und es finden kaum noch passende Regulationsprozesse statt. Es kommt zu einer ständigen Überreaktion des Nervensystems oder geht in die Erstarrung bis hin zur gefühlten Ohnmacht über.

Entwicklungstrauma

Dieses Trauma hat seinen Ursprung in frühester Kindheit. In dieser Zeit sind die Mechanismen zur Verarbeitung noch nicht ausreichend vorhanden, um fortwährende negative Ereignisse zu bewältigen. Es besteht eine absolute Abhängigkeit gegenüber der Umwelt. Solche Ereignisse können andauernde Gewalterfahrungen, Hilflosigkeit, Ohnmachtsgefühle oder erlebter Miss-

brauch sein. Auch eine ständige Aktivierung des Stresssystems kann zu solch einem Trauma führen. Das junge Lebewesen fühlt sich einer dauerhaften Gefahr ausgesetzt. Bei einem Entwicklungstrauma verliert sich der Kontakt zu sich, seinem Körper, seinen Emotionen oder zu Teilen davon. Die Auswirkungen sind tief greifend auf die Entwicklung der Psyche und des Gehirns. Eigene Bedürfnisse werden nicht mehr erkannt und ausgedrückt, wichtige Sozialkompetenzen in ihrem Wachstum unterdrückt, und das Bindungsverhalten zeigt gestörte Merkmale. Insgesamt findet ein in sich gestörtes Regulationsverhalten von Emotionen und Affekten statt. Bereits im Mutterleib haben solch prägende Erlebnisse einen Einfluss auf die Entwicklung des Stresssystems.

Übertragung auf den Hund

Was meinst du, lassen sich die Begriffsdefinitionen eins zu eins auf den Hund übertragen? Ich sage ein klares Ja und Nein zugleich. Auf der einen Seite zeigt ein Säugetiergehirn vor allem im Stressbereich identische Abläufe. Hormonausschüttung und

Wieder Vertrauen zu fassen, fällt traumatisierten Hunden schwer. Das fehlende Sicherheitsgefühl begleitet sie in fast allen Situationen.

Bei einem vorhandenen Trauma steht vor allem der Mensch in der Verantwortung, denn ohne Unterstützung schafft es der Hund nicht.

körperliche Abläufe unter Stress sind gleich. Die Traumaforschung basiert auf vielen Tierversuchen an Mäusen, Ratten, Affen und Hunden. Was der Hund jedoch aus einer potenziell traumatischen Situation macht, ist sehr individuell und durchaus abweichend von einem menschlichen Verhalten. Auch die daraus resultierenden therapeutischen Einwirkungen können sich von der menschlichen Therapie unterscheiden. So lässt sich beispielsweise kein direktes Gespräch mit deinem Hund führen, um zu klären, was ihn beschäftigt und wie tief greifend das negative Erlebnis gewirkt hat.

Trauma beim Hund

Der Inhalt der Traumadefinition lässt sich für den Hund wie folgt zusammenfassen: Ein vorhandenes **Trauma** bedeutet, dass eine außergewöhnliche Bedrohung und das Erleben der absoluten Hilf- und Schutzlosigkeit ohne Kontrollmöglichkeiten stattfand. Auch beim Zuschauen solch einer Situation kann es bei einem sozialen Lebewesen wie dem Hund zu einer Traumatisierung kommen. Beispielsweise wenn der Hund eine Gewalteinwirkung bei seiner Besitzerin miterleben musste. Nachfolgend zeigt sich eine dauerhafte Erschütterung seiner selbst und seines Stresssystems. Ein Vertrauensverlust ist entstanden, das durch ein erhöhtes Misstrauen gegenüber den Menschen und der Umwelt sichtbar wird.
Ein **Entwicklungstrauma** kann auch bei einem Hund in seiner frühen sensiblen Phase stattfinden. Hat er in dieser Phase ein stark negatives Erlebnis erfahren wie Vernachlässigung, Misshandlung und Missbrauch oder war Zeuge von Gewalt und Tod, zeigt er sich in seiner Entwicklung beeinträchtigt. Besonders in dem Bereich der Selbstregulation wird bei diesen Hunden die Unfähigkeit zur Beherrschung deutlich: Sie reagieren schnell über und schaffen es kaum, sich selbst auszugleichen.

Folgen

Bei einigen Vierbeinern führt ein Entwicklungstrauma oder ein späteres Trauma zu einer dauerhaften Aktivierung der sogenannten Stressachse („Kampf oder Flucht"). Diese Hunde wirken insgesamt hyperaktiv. Auch der Schlaf zeigt sich auffällig – sie sind unruhig, wechseln oft die Liegeposition oder träumen laut und aktiv. Liegt ein Trauma bei deinem Hund vor, wird jeder einzelne Resilienzfaktor einen Nutzen haben. Besonderes Augenmerk trägt der Bindungsfaktor und damit einhergehend das Sicherheitsgefühl. Dazu findest du mehr in dem Abschnitt „Das soziales Auffangnetz: der Mensch".

KURZ GEFASST

Ob ein Erlebnis ein Konflikt, eine Krise oder ein Trauma ist, entscheidet letztendlich das Stresssystem deines Hundes. Konflikte werden recht gut überwunden, und Krisen gilt es zu meistern. Bei einem Trauma ist deine Hilfe jedoch notwendig. Das Vorgehen ist sehr komplex, und die Trainingsschritte sollten daher gut durchdacht sein. Das Training an der Resilienz wird dir dabei den Schlüssel reichen.

Puzzleteil 2:

Resilienz und Stress

Wir haben definiert, was Konflikte, Krisen und Traumata bedeuten. Alle drei Begebenheiten haben eines gemeinsam: Sie versetzen das körpereigene System in einen anderen Zustand als die Entspannung. Hier spricht man grundlegend von Stress.

Stress ist eine Anpassungsleistung des Organismus, also eine gute Strategie, um Erlebnisse zu bewältigen. Das Stresssystem reagiert dabei unterschiedlich stark auf Reize und versucht dabei stets, das Gleichgewicht wieder herzustellen. Für das Resilienztraining deines Hundes sind zwei Merkmale von großer Bedeutung: der bewältigbare und kontrollierbare sowie der nicht bewältigbare und unkontrollierbare Stress, genauso wichtig wie ein Lesen der Signale und Verhaltensweisen, damit du alles passend einsortieren kannst. Empfindet dein Hund den Stress als bewältigbar, kann er selbst in diesem Zustand noch lernen und sich neue Handlungsfähigkeiten aneignen. Dafür braucht es dein gutes Auge, um zu erkennen, wie

Müde oder Stress? Ein Ausdrucksverhalten muss richtig erkannt und gedeutet werden. Dann kann auch passend darauf eingegangen werden.

Je mehr das Vertrauen in die eigenen Fähigkeiten besteht, desto gelassener ist der Umgang mit Konflikten.

stark der Stress für deinen Hund ist. Du prüfst also wann deine Unterstützung notwendig wird oder wo dein Hund selbstständig wirken kann. Dieses Wirken hat einen großen Mehrwert für deinen Vierbeiner. Denn bei eigenständig gelösten Aufgaben ist der Lerneffekt wesentlich höher und tief gehender, als wenn du die Lösung übernimmst. Aus diesem Grund sollte sich dein Hund ein Alternativverhalten möglichst selbst erarbeiten, so bekommt er in dem Bereich die wichtige Kontrollerfahrung und Selbstwirksamkeit, das bedeutet, er hat das Gefühl die unangenehme Situation kontrollieren zu können. Ein wichtiges Thema der Resilienz.

Ist der Stresslevel jedoch zu hoch, passiert das Gegenteil: Dein Hund ist nicht mehr aufnahmefähig, geht in die Überforderung, und es tritt kein positiver Lerneffekt auf. Drei Trainingsfeldern darfst du daher Beachtung schenken: zum einen **die Komfortzone**, in der dein Hund keinen Stress hat, regenerieren kann und sich sicher fühlt, zum anderen **die bewältigbare Stresszone**, in der Konflikte stattfinden und sich neue Kompetenzen zur Lösung entwickeln. Der Fokus liegt hier auf der Kontrollerfahrung – **die unbewältigbare Stresszone**, in der Lernen nicht mehr möglich ist und dein Hund kein Gefühl der Kontrolle hat. Interessant dabei ist: Je mehr er sich in der bewältigbaren Stresszone aufhält – inklusive der Regenerationszeit in der Komfortzone – desto kleiner wird das Feld des unbewältigbaren Stresses, denn seine Konzepte zur Stressbewältigung wachsen und stärken das Vertrauen in seine Kompetenzen. Die Krisen-Reaktionskraft steigt, er wird somit resilienter!

Entspanntes Ausdrucksverhalten trotz der lauten Umgebung.

Steht dein Hund vor einer neuen Situation, entscheidet seine Bewertung, ob und wie stark sein Gehirn und Körper darauf reagieren. Je bedrohlicher er die Situation einstuft und je weniger Kompetenzen er zur Lösung bei sich sieht, desto stärker ist die Stressreaktion. Auch in der bewältigbaren Stresszone kann dein Hund verschiedene Verhaltensweisen zur Konfliktlösung und -anpassung zeigen. Um diesen Stress von der unbewältigbaren Zone zu unterscheiden, braucht es einen Blick für die feinen Abstufungen. Entscheidend ist zudem das „Danach“: Wie schnell kann dein Hund sich wieder entspannen, und wie stark wirkt die Situation nach?

TRAININGSFELDER

Komfortzone

Merkmale: Ruhe, Regeneration, Sicherheit

Ausdruck (abhängig von Rassemerkmalen, Lernerfahrungen und Umweltbedingungen): die Muskeln sind entspannt, die Rute hängt entspannt runter oder wedelt leicht, der Körper ist mittig und ausbalanciert, der Fang ist locker geschlossen (kein Hecheln), die Ohren sind entspannt und werden hauptsächlich zur Geräuschorientierung bewegt, das Gesicht sieht glatt aus, die Augen schauen ruhig und koordiniert, die Pupillengröße ist normal, die Bewegungen sind weich.

Verhalten: Der Hund liegt viel, döst oder schläft, zeigt eine entspannte Wachheit, nach Schreckmomenten (Topf fällt runter o. Ä.) findet er schnell wieder in die Entspannung, in neuen Situationen zeigt er eine ruhige Neugierde, bzw. Interesse an seiner Umwelt.

Bewältigbarer Stress

Merkmale: Neues, Ungewohntes, leichte Unsicherheit, positiver Ausgang, sichtbare Emotionen beim Hund

Ausdruck (abhängig von Rassemerkmalen, Lernerfahrungen und Umweltbedingungen): die Muskeln sind unterschiedlich stark angespannt, die Rute ist entweder leicht eingezogen, leicht angespannt wedelnd oder aufgerichtet, der Körperschwerpunkt ist entweder leicht vom Reiz weg, präsent stehend oder mit leicht angespannter Tendenz nach vorne zum Reiz gerichtet, der Fang ist angespannt, eventuell leicht hechelnd, die Ohren sind leicht zurückgerichtet oder angespannt nach vorne, die Gesichtsmuskulatur ist angespannt, die Pupillen sind vergrößert.

Verhalten: Trotz der Anspannung zeigt der Hund nach einer gewissen Zeit ein Erkundungsverhalten, schnuppert oder versucht, anderweitig die Situation einzusortieren. Neugierde ist vorhanden. Bei Ansprache schaut er seinen Menschen an oder in seine Richtung, er kann noch ein gut sitzendes Kommando ausführen, bei Berührungen folgt eine Reaktion des Hundes.

Trotz Stress: eine Annäherung ist noch möglich, der Hund befindet sich in der bewältigbaren Stresszone. Dieser Konflikt muss jetzt für den Hund positiv ausgehen.

Ein „Stressgesicht". Wird die Berührung als positiv wahrgenommen, oder ist sie der Grund für den Stress? Die Nähe des Menschen sollte im Optimalfall stressmindernd wirken.

Hier geht der Stress in einen nicht bewältigbaren Zustand über. Der Hund geht in die Hilflosigkeit oder tonische Immobilität. Alle Muskeln erschlaffen, und es folgen keine Ideen der Konfliktlösung.

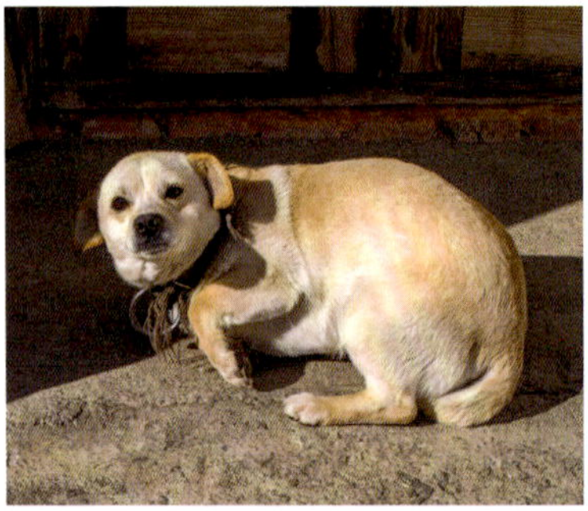

Nicht bewältigbarer Stress

Merkmale: Neue oder bekannte Situation, stark meidend, starke Unsicherheit, hoher Stresslevel, starke Emotionen

Ausdruck (abhängig von Rassemerkmalen, Lernerfahrungen und Umweltbedingungen): Alle Muskeln sind angespannt, nach längerer Dauer des Stresses kann es auch in die tonische Immobilität gehen (alle Muskeln erschlaffen), die Rute ist unter dem Bauch eng eingezogen oder in einem sehr angespannten Modus kurz und schnell wedelnd, der Körperschwer-

Manche Rassemerkmale erschweren gelegentlich die Lesbarkeit.

punkt ist stark vom Reiz weg oder zum Reiz hin mit hoher körperlicher Anspannung, die Lippenmuskulatur angespannt, die Ohren sind nach hinten gelegt oder aufrecht stehend, die Gesichtsmuskulatur weist viele Falten auf, die Pupillen sind stark geweitet und der Blick hektisch oder stark fokussiert.
Verhalten: Kein Erkundungsverhalten, keine Neugierde, keine Ansprechbarkeit, kein Ausführen von gut sitzenden Kommandos möglich. Starke Emotionen wie Wut, Ärger oder Angst sind zu sehen. Der Hund bellt, beißt, schreit oder rennt in Panik weg, oder er gibt auf und friert ein (Freeze). Eine weitere Möglichkeit ist die Erschlaffung aller Muskeln. Die Situation hinterlässt einen nachhaltigen Eindruck, der Hund braucht lange, um wieder in seinen Normzustand zu finden.

Du möchtest deinen Hund sicher nicht im unbewältigbaren Stress sehen. Doch ein wenig Stress sollten wir unseren Hunden zutrauen, damit sie ihre Lernerfahrungen machen können und einen Umgang damit finden.

Bei allen Verhaltensweisen zählt nicht nur der IST-Zustand, sondern vor allem das „Danach“. Wie schnell findet der Hund wieder in einen regulierten Zustand zurück? Das ist die Messmöglichkeit für den empfundenen Stress und seine Bewältigbarkeit.

1

2

DER STAHLBADEFFEKT

Was dich nicht umbringt, macht dich stärker ... ein abgewandelter Spruch von F. Nietzsche, der im Kern einiges mit der Resilienz zu tun hat. Vor einigen Jahren gab es dazu eine spannende Studie, die von dem Stahlbadeffekt („Steeling"-Effekt) sprach. Der Psychologe Mark Seery fand heraus, dass Menschen, die mehrere Schicksalsschläge erfahren haben, psychisch gesünder und emotional stabiler sind als Menschen, die das nicht erlebt haben. Im Durchschnitt waren die TeilnehmerInnen der Studie mit drei oder vier negativen Erlebnissen psychisch am gesündesten. In meiner Arbeit erlebe ich einige ehemalige Straßenhunde, die negative Erlebnisse mit sich tragen und mit einer ausgeprägten Resilienz die Hürden des Alltags bewältigen. Hier kann ich aus meiner Erfahrung das Ergebnis der Studie bestätigen. Nun könnte man ableiten, dass es gesund sei, den Hund zu stressen, damit er durch dieses „Stahlbad" stärker wird. Bis zu einem gewissen Punkt würde die Ableitung auch passen, denn nur wer Stress und Bewältigung erlebt hat, kann nachfolgend mit diesen besser umgehen. Doch gibt es dabei einiges zu bedenken.

Erstens: Die Dosis macht das Gift. Es gehört ein sehr gutes Auge dazu, um zu erkennen, wann der Stress noch bewältigbar ist und wann nicht.
Zweitens: Ein resilientes genetisches Grundgerüst sollte für dieses Stahlbad bereits vorhanden sein. Es gibt einige Rassen, die genetisch mit einer hohen Reizsensibilität und einem dünnen Nervenkostüm ausgestattet sind, bei denen wäre es fatal, bewusst stark negative Ereignisse wirken zu lassen.
Drittens: Dieser Effekt beginnt erst nachhaltig zu wirken, wenn der Hund das Gefühl bekam, die unangenehme

1 Einige Straßenhunde besitzen eine äußerst gute Resilienz, vor allem in dem Bereich, Cleverness und Regulation.

2 Manche Rassen besitzen eine hohe Reizsensibilität.

3 Während andere Rassetypen eher mit einem stoischen Gemüt aufwarten.

3

Situation beeinflussen zu können. Dieses Gefühl entsteht, wenn er bereits mehrfach die Chance hatte, den Stress kontrollieren zu können und Konflikte so einen positiven Ausgang nahmen. Außerdem braucht es den Stressabbau, der passiert, wenn eine Strategie bis zum Ende durchgeführt wurde d. h. er durfte den Kampf zu Ende führen oder flüchten, bis die Gefahr vorbei war.

Nachwirkung

Hat der Stahlbadeffekt stattgefunden, wirkt er selbst dann noch nach, wenn es später mal zu einer Situation kommt, die der Hund nicht kontrollieren kann. Die Erfahrung, etwas bewirken zu können, prägt sich in das Gedächtnis ein und hilft in vielen weiteren Situationen. Das wurde an Ratten getestet (Maier, et. al 2016). Sie konnten Schmerzreize stoppen, indem sie an einem Rad drehten. Nachfolgend zeigten diese Tiere einen besseren Umgang mit Stress als die Ratten ohne Erfahrung der Schmerzreize und den Kontrollmöglichkeiten. Das bestätigen weitere Studien an Menschen und Tieren, die immer wieder aufzeigen: Wird eine Kontrollmöglichkeit **empfunden**, bleibt der Stresszustand niedrig, selbst wenn man die Situation praktisch nicht verändert.

Ein mögliches Hundetraining, das diese Thematik aufgreift, ist beispielsweise ein Tierarzttraining über Kooperation, das sogenannte „Medical Training mit Targets“. Der Hund hat hier die Möglichkeit des Mitspracherechts, welche unangenehmen Reize er über sich ergehen lässt oder welche nicht. Tatsächlich zeigen sich die Hunde sehr kooperativ und lassen später selbst Spritzen und den Ohrreiniger entspannt zu, wenn der Trainingsaufbau passend gestaltet wurde. Allein das Wissen des Einflusses reicht auch hier aus, um später nicht beeinflussbare Situationen ertragen zu können. Dieses Training wende ich sehr gerne bei Hunden an, die sich nicht anfassen lassen wollen. In Kapitel 3 erfährst du mehr darüber.

Stresskompetenzen sowie eine Streit- und Diskussionskultur lernen Hunde im Leben und am Konflikt. Das stärkt die Resilienz. Vor allem zeigt sich ein großer Lerneffekt im bewältigbaren und kontrollierbaren Stress. „Stressfrei“ lässt hingegen zwar ein Regenerieren zu, aber keine Erweiterung der Resilienzkompetenz. Das Stahlbadeffekt-Training ist mit großer Vorsicht und gutem Augenmaß vorzunehmen. Lediglich der Weg des Medicaltrainings über Kooperation bietet eine gute und sichere Möglichkeit und kann passend zum Hund abgewandelt werden.

Puzzleteil 3:

Verhalten und Resilienz

Was ist eigentlich normal, und wer entscheidet darüber? Über Normverhalten hinsichtlich all der Unterschiede der Rassen zu schreiben, ist eine Herausforderung. Denn was für den einen Hund noch in der Norm liegt, kann bei dem anderen schon verhaltensauffällig sein.

Ein Beispiel dazu: Beim Spaziergang läuft ein Hund immer große Kreise um die Menschen, er maßregelt die Kinder, wenn sie zu schnell laufen und fixiert gerne andere Hunde. Oft legt er dabei einen Schleichgang ein, indem er sich geduckt auf den Reiz zubewegt. Diese Beschreibung wäre für einen Border Collie ein normales Verhalten. Würde allerdings so ein Bernhardiner handeln, wäre es ein Anlass, dort genauer hinzuschauen, denn das ist kein Normverhalten dieser Rasse oder der Persönlichkeit. Jede Rasse hat Merkmale, die durch die Zucht besonders gefördert wurden.

Das Ausdrucksverhalten unterscheidet sich ebenfalls enorm. Lange bzw. kurze Nase, kaum eine Nase, Stehohren, Schlappohren, einen Ridge auf dem Back, langes Fell, auch im Gesicht, gar keines, Kringelrute, lange bzw. keine Rute … die Liste der Unterschiede ist lang. Da hilft es nur, seinen Hund gut zu kennen und für bestimmte Merkmale ein wissendes Auge zu haben. Wie ist es bei deinem Hund, woran merkst du, dass er gestresst ist? Was sind die ersten Anzeichen? Siehst du es eher an dem Ausdruck seiner Ohren, was er denkt oder kannst du an der Stirn und ihren Falten bereits erkennen, welche Idee er hat? Manchmal taucht die Frage auf, ob der eigene Hund vielleicht verhaltensgestört ist. Mit der Resilienzbrille schauen wir in diesem Bereich ganz genau hin, denn eine Verhaltensstörung würde schwer wiegen. Zu einem gesunden „Normverhalten" gehört, dass dein Hund alle inneren Zustände passend regulieren kann. Fehlt diese Regulation, ist es auf Dauer nicht gesund, und es bedarf hier deiner Unterstützung.

Jeder Hund besitzt typische Rassemerkmale in unterschiedlicher Ausprägung, innerhalb der Rassezugehörigkeit kann es große Unterschiede des Temperaments geben.

1 Ein stechender Blick: Fixiert er, oder schaut er nur interessiert? Manche Rassemerkmale sorgen auch bei dem Gegenüber gelegentlich für Missverständnisse.

2 Hier ist es deutlich: Er fixiert einen anderen Hund.

2

Was denkt mein Hund? Die Antwort darauf ist ein wichtiges Wissen zu den Emotionen und dem Verhalten, damit der Alltag passend gestaltet werden kann.

DER ARME UND DER BÖSE HUND

Das Verhalten deines Hundes hat stets eine Mitteilungsfunktion. Was du aus diesen Informationen machst und wie sie dich emotional berühren, beeinflusst deinen Hund und euren Umgang miteinander.

Angst, Wut und Freude sind klar definierte Basisemotionen, die wir bei unseren Hunden gut erkennen können. Was denkst du, ist Freude eine positive Emotion und Angst bzw. Wut eher negative Emotionen? Auch wenn ich selbst lieber einen freudigen Hund sehe, sind die anderen Emotionen ebenfalls sehr wertvoll. Sie geben dir eine Auskunft und zeigen dir das Bedürfnis, die Befindlichkeit oder auch die Bedürftigkeit an, die dein Hund in den unterschiedlichen Situationen hat. Sie klären dich über die Gefühlswelt deines Vierbeiners auf, damit du passend darauf antworten und eingehen kannst. Angst gilt beispielsweise als Aufpasser, damit dein Hund sich nicht in Gefahr bringt, sie mahnt zur Vorsicht. Wut ist ein Regulator, bei dem um Abstand gebeten – oder eine Überforderung aufgezeigt wird. Ist der ängstliche Hund immer arm dran und der aggressive immer böse? Bei beiden Verhaltensweisen lohnt sich der Blick hinter die Kulissen. Hundetrainerinnen unterscheiden Angst, Furcht, Unsicherheit und eine natürliche Vorsicht voneinander. Denn jede dieser Verhaltensweisen braucht einen anderen Umgang.

Das Bild mit der Spinne

Damit du dir das gut vorstellen kannst, nehme ich das Bild einer Spinne dazu. Du sitzt ganz entspannt auf einem Stuhl. Jetzt wird dir eine Spinne auf die Hand gesetzt. Es löst in dir ein starkes Unbehagen aus, schwitzige Hände kommen dazu, das Herz klopft bis zum Hals und die Atemfrequenz ist erhöht oder stockt kurzzeitig. Vielleicht schreist du auch. Wird diese dann weggenommen, kannst du dich wieder entspannen. Du hast hier eine **Furcht** erlebt. Der direkte Auslöser dafür ist die Spinne. Ist der Auslöser weg, beruhigt sich dein Nervensystem schnell.

Spinnen lösen in vielen Menschen ein Unbehagen aus.

Jetzt sitzt du ohne Spinne auf diesem Stuhl. Dein Pulsschlag und deine Atemfrequenz sind erhöht, dein Körper produziert Schweiß. Die ganze Zeit prüfst du die Umgebung, du schaust an die Decke und unter deinen Stuhl. Irgendwo lauert bestimmt die Spinnengefahr. Hier erlebst du gerade **Angst**. Ein diffuses Gefühl, welches auch ohne direkt auslösenden Reiz vorhanden ist. Passiert dir das nur im Keller, wo du bereits öfter die Erfahrung einer Spinnensichtung gemacht hast, ist das noch nicht besorgniserregend. Passiert dir das überall und beeinflusst sogar dein Leben, weil du dich gar nicht mehr aus dem Haus traust, dann handelt es sich um eine Verhaltensstörung, die sogenannte generalisierte Angststörung – ohne Therapie wäre sie kaum auflösbar. **Unsicherheit** tritt ein, wenn du dich mit Spinnen nicht auskennst und nicht weißt, wie du damit umgehen sollst. Du zögerst in deinem Verhalten und bist etwas angespannt. Vielleicht meidest du die Spinne und gehst weg. Eine **natürliche Vorsicht** verhindert, dass du die Vogelspinne in den Arm nimmst und mit ihr kuschelst. Für dein Sicherheitsgefühl braucht es erst eine genau Betrachtung und Bewertung der Situation. Du gleichst es mit deinen bisher gemachten Erfahrungen und dem Wissen ab. Diese Form kann sogar ein Persönlichkeitsmerkmal bei dir sein. Es gibt Personen, die eher vorsichtig sind und solche, die wagemutiger durch die Welt gehen.

Angsthunde

Gerade einige Auslandshunde zeigen in einer nicht gewohnten Umgebung öfter eine Unsicherheit oder eine natürliche Vorsicht. Das bedeutet nicht zwangsläufig, dass es Angsthunde sind. Werden sie vorschnell in die Schublade „Angst" gesteckt, gestaltet sich der Umgang mit ihnen oft sehr emotional. Das ist verständlich, denn wir können die Angst gut nachempfinden. Sie ruft außerdem ein fürsorgendes (Bindungs-)Verhalten hervor, welches unsere Belohnungskreisläufe aktiviert (Seso-Simic et. al, 2010). Angsthunden zu helfen, kann also belohnend wirken: Das sogenannte Helfer-Syndrom basiert darauf.

1

Diesen Hunden wird oft weniger zugetraut, und es werden weniger eigene Erfahrungen zugelassen. Schlimmstenfalls bleiben sie ein Leben lang in dieser Schublade hängen und entwickeln sich im Sinne der Resilienz nicht weiter. So würde ich einen Angsthund nie als armen Hund bezeichnen, sondern als Hund, der einer Förderung bedarf, um sich wieder eigenständiger mit seiner Umgebung auseinandersetzen zu können. Allein dieser Gedanke setzt einen anderen Fokus und ruft dadurch andere Handlungen hervor. Statt dem ängstlich-fürsorgenden Blick erhält der Hund mutmachende Signale, denn solch eine feine Kommunikation bekommt der Hund mit.

2

1 Ängstliches Verhalten löst in uns Fürsorge aus. Eine durchaus sinnvolle Antwort auf das Verhalten, solange noch genug Raum für die Eigenständigkeit des Umsorgten ist.

2 Der stolze Blick und die echte Freude, wenn der Hund eigenständig Aufgaben löst und sich etwas traut. Das stärkt die Selbstsicherheit und die Eigenständigkeit.

1

2

Aggression

Die Aggression eines Hundes ist noch komplexer. Dieses Verhalten kann Abstand einfordern oder aufzeigen, dass es gerade zu viel ist oder auch erlernt und abgerufen werden, beispielsweise im Schutzdienst. In den meisten Fällen dient es dem Hund als Vielzweckverhalten zur sozialen Kommunikation. Es ist in der Regel funktional und angemessen. So kann eine passende Aggression einen Ernstkampf unter Hunden verhindern. Manche Hunde haben eine höhere Bereitschaft durch ein aggressives Verhalten, Grenzen aufzuzeigen oder Distanz einzufordern.

Ein Problem wird es für den Hund, wenn die Aggression dysfunktional und unangemessen ist. Er gefährdet damit seine Gesundheit und im schlimmsten Fall sein Leben. Ein Problem wird es für den Menschen, wenn er mit der Aggression nicht umgehen kann oder sie nicht versteht, und für die Umwelt, die gefährdet ist, wenn aggressives Verhalten nicht mehr angemessen reguliert werden kann.

Hast du bei deinem Hund schon einmal ein aggressives Verhalten erlebt? Die Antworten auf die folgenden Fragen geben dir eine gute Auskunft, um das Verhalten besser zu verstehen: Woher kam es? Wozu diente es? Wie äußerte es sich? Wodurch brach es aus? So kannst du das Verhalten als angemessen/funktional oder unangemessen/dysfunktional einstufen und gegebenenfalls passend daran arbeiten.

Bei meiner Arbeit mit Hunden, die ein unangemessen-aggressives Verhalten zeigen, stellt sich in den meisten Fällen eine große Bedürftigkeit heraus. Wenn der Vorhang der Aggression gelüftet wird und ein Blick dahinter gelingt, zeigen sich in der Regel **unverstandene Hunde**. Tatsächlich sind es keine bösen Hunde. Verstehen wir ihr Verhalten, lösen sie das aus,

3

1 Ein aggressives Verhalten kann auch das Einfordern von Abstand bedeuten.

2 „Nicht die Pfote anfassen!" Hier wird ein Bedürfnis mithilfe der Aggression mitgeteilt.

3 Beim IPO-Sport wird ein aggressives Verhalten gefördert und kanalisiert, sodass es auf Abruf eingesetzt werden kann. Ein toller Job, allerdings am besten für nervenstarke Hunde.

was Angsthunde normalerweise mit uns machen: Es sind arme Hunde. Leider sind diese Hunde auch gefährlich, wenn es kein passendes Management und keinen wissenden Menschen im Umgang damit gibt.
Zeigt dein Hund ein unangemessen-aggressives Verhalten ist ein Resilienztraining an der Selbstwirksamkeit eine Erstmaßnahme, um ihm einen anderen Weg des Verhaltens aufzuzeigen. Passend zu deiner Verantwortung ist ein Maulkorbtraining unerlässlich. Wenn der Maulkorb so selbstverständlich getragen wird wie eine Brille auf der Nase und dazu noch perfekt passt, damit der Hund hecheln und trinken kann, ist die Akzeptanz bei ihm groß. So ausgestattet darf dann direkt im Leben ein neues Verhalten gelernt werden, ohne die Umwelt zu gefährden.

Zusammenfassend gibt dir das Verhalten deines Hundes eine Auskunft, wie er mit Stress umgeht und im Sinne der Resilienz aufgestellt ist. Dabei stellt die größte Hürde das Lesen und Verstehen des Verhaltens dar, denn hier gibt es einen Interpretationsspielraum, der viel Platz für die eigenen Emotionen lässt. Helfen kann dir eine gute Selbstreflektion („Interpretiere ich, oder weiß ich?") und ein Wissen, um hündisches Verhalten und der Persönlichkeit deines Hundes.

Ein perfekt sitzender Maulkorb bietet den besten Schutz.

Ein tätowierter Mensch ganz in schwarz mit zwei Qualzuchthunden ... in Wirklichkeit sind die Hunde aus dem Tierschutz, und dieser Mensch kümmert sich mit viel Sachverstand und Herzenswärme um die Hunde.

Wann braucht dein Hund KEIN Training an der Resilienz?

In unserer Welt gibt es etliche Vorgaben, Regeln, Gesetze und zudem eine verringerte Toleranz gegenüber dem „Anderssein". Wer nicht der gesellschaftlichen Norm entspricht, kann schnell eine Ausgrenzung erfahren. Begriffe nehmen diesen Wunsch nach mehr Toleranz auf. Dazu gehört beispielsweise das Wort „**Neurodiversität**", das aus einer Bewegung entstanden ist, die sich mit dem Autismus befasst. Es besagt, dass wir alle im Nervensystem, mit unserer Wahrnehmung und dem Handeln so unterschiedlich aufgestellt sind, dass es die Akzeptanz gegenüber Abweichungen geben sollte, ohne sie als krankhaft einzustufen.

Die immer geringer werdende Toleranz macht auch vor unseren Hunden nicht halt. Früher war es noch normal, als Kind den fremden Bauernhof nicht zu betreten, weil dort der Wachhund lag. Wir Kinder wussten, dass der auch beißen kann. Solche Hunde sind in der heutigen Zeit kaum mehr gewünscht und schon gar nicht toleriert. Ich kann mich auch noch gut an meinen ersten Hundebiss erinnern.

»Schubladendenken macht engstirnig und lässt keinen Raum für die bunte Vielfalt.«

Bitte aggressionsfrei und jegliches übergriffiges Verhalten aushalten. Das ist ein häufiger Wunsch, leider nicht immer passend zur Rasse.

Bei manchen Persönlichkeiten sollte erst ein Vertrauensaufbau stattfinden, bevor es in den engen Kontakt geht.

Es war ein Pudel, der angebunden ohne seine Besitzerin vor dem Supermarkt saß. Ich wollte ihn streicheln, er wollte es aber nicht. Die Schuld habe ich bekommen (zusammen mit dem Trost), und die Besitzerin erhielt eine Entschuldigung für die Aufregung. Wie meinst du würde heute die Situation aussehen? Ich halte es für sehr wahrscheinlich, dass die Besitzerin vorwurfsvoll erfährt, dass solch ein aggressiver Hund doch nicht vor dem Supermarkt angebunden werden dürfe. „Anzeige ist raus" ist der scherzhaft gesagte Satz, der die derzeitige Mentalität gut wiedergibt.
Nein, früher war nicht alles besser, doch die Toleranz gegenüber den natürlichen Verhaltensweisen eines Tieres war tatsächlich höher.
Die Hunde sollen heute bitte aggressionsfrei sein und jeglichem (oftmals) übergriffigen Verhalten mit Freundlichkeit begegnen. Das wäre ein fairer Wunsch, wenn man bei der Zucht den größten Wert auf diese Verhaltensweisen legen würde, statt auf das Aussehen und einigen bestimmten Rassemerkmalen.
Keine Frage, eine Anpassung an die Gesellschaft sollte bis zu einem gewissen Grad erfolgen, um als soziales Lebewesen keine Ausgrenzung zu erfahren. Auch helfen zwei grundlegende Faktoren bei der Hundeerziehung und Anpassung: eine gute Impulskontrolle und ein passender Umgang mit Frustration. Doch ist nicht jeder Hund verhaltensauffällig, der ein normales hündisches Verhalten zeigt.

Was hat das mit der Resilienz zu tun?

Nehmen wir an, du hast einen Rottweiler. Er ist ein gelassener Hund, recht souverän und cool. Er liegt gerne in deinem Garten und fordert von dir wenig Aufmerksamkeit. Er bellt kaum, geht gut an der Leine und auch der Rückruf funktioniert. Eines Tages betritt ein Paketlieferant ungefragt dein Grundstück. Er hat einfach die Gartenpforte geöffnet und möchte das Paket auf deiner Terrasse abstellen. Der Rottweiler hat ihm bei dem Versuch ins Bein gebissen. Das ist natürlich nicht schön und kann sogar rechtliche Folgen für dich haben, jedoch wäre jetzt meine Frage: Braucht dieser Hund ein Resilienztraining? Denn mit dem Training lernt er doch mehr Gelassenheit.
Ich würde sagen: Nein, das ist kein Fall für ein Resilienztraining. Wenn dein Rottweiler allerdings bei jedem Vögelchen im Garten hochschreckt, draußen in die Leine beißt, bei Hundebegegnungen ein aggressives Verhalten zeigt und dich beißt, zu Hause sich insgesamt sehr unruhig zeigt und einen schlechten Schlaf hat, dann lohnt es sich, das Verhalten einmal durch die Resilienzbrille zu betrachten.

Wann braucht es kein Resilienztraining für deinen Hund?

Wenn dein vierbeiniger Freund
– sich rassetypisch verhält, „der Jagdhund jagt"
– 90 % des Tages entspannt ist
– ein angemessenes Aggressions- oder Stressverhalten zeigt (der Auslöser ist klar ersichtlich, der Hund kann sich direkt danach wieder entspannen)
– an sich entspannt ist, du dir aber viele Sorgen machst
– für dich nicht lesbar ist
– dich nicht lesen kann
Bei einigen dieser Punkte kann dich eine normale Hundeschule gut unterstützen.

Das Dilemma zwischen Anpassung und Entwicklung

Scheinbar mehren sich die Hunde, die sich nicht angepasst und angemessen verhalten. Die Tierheime sind chronisch überfüllt. Längst sind dort nicht mehr „Scheidungs- oder Trennungshunde" vorzufinden, sondern solche, die sich Raum und Luft durch den Einsatz ihrer Zähne verschafft haben. Dabei steht so viel Wissen über Hunde und Trainingsmöglichkeiten zur Verfügung wie noch nie. Insgesamt sollte es doch eigentlich besser werden. Was meinst du, woran es liegen könnte? Liegt es an der Zucht, an der Erziehung oder an den Hundetrainerinnen? Es könnte sicher von allem etwas sein, doch ein Thema wirft weitere Fragen auf: Ab wann macht Stress durch eine hohe Anpassungserwartung eigentlich krank? Erkrankt ein Hund erst im Verhalten oder im Körper?

Da fliegen die Herzchen … dieser Rottweiler braucht kein Resilienztraining. Er besitzt zwar typische Rassemerkmale, ist aber dank guter Erziehung von Anfang an sehr alltagstauglich.

Hunde besitzen noch alte Verhaltensmuster aus der Vergangenheit, doch die Welt hat sich verändert. Es ist immer weniger Platz für das natürliche Verhalten, auch für den Tschechoslowakischen Wolfshund wie hier im Bild.

Um Antworten zu finden, können wir das Urzeit-Verhaltens-Modell genauer betrachten. Es gilt für jedes Lebewesen. Dabei kommen sogenannte phylogenetische alte Reaktionsmuster zum Tragen, wenn ein Lebewesen vor einer gefühlten Gefahr steht. Das Wort „gefühlt" zeigt, dass es sich um eine individuelle Empfindung handelt. Der Organismus stellt dann Energien zur Verfügung, um für diese Gefahr gerüstet zu sein. Zu den gefährlichen Situationen können die Verteidigung des Territoriums, das Beute machen, die Rangkämpfe, das Abwehren von Fressfeinden u. v. m. gehören. Diese aufgebaute Energie entlädt sich, in dem es zu einer Handlung kommt: Flucht oder Kampf. Danach geht es für den Organismus in die Regeneration. Je stärker die Gefahr vermutet wird, desto mehr werden Hormone und Muskeln aktiviert und Zucker und Fettreserven als Energiequelle zur Verfügung gestellt. Leichte Stressbelastungen verarbeitet

der Körper noch gut, doch andauernde oder hohe Erregungszustände werden gefährlich, wenn sie keinen Abbau erhalten.
Wir Menschen kämpfen und flüchten kaum noch als direkte (End-)Handlung. Es braucht andere Prozesse des Energieabbaus. Wenn diese nicht vorhanden sind, werden wir krank. Bei uns Menschen machen laut der Stressforschung vier Faktoren krank: die nicht verbrauchte Energie, eine chronische Belastung, eine geschwächte Immunabwehr und unser gesundheitliches Risikoverhalten.

Flucht und Kampf

Lass uns einmal die Endhandlungen von Flucht und Kampf bei unseren Hunden betrachten. Diese einst so natürlichen Verhaltensweisen werden von uns Menschen mit starken Emotionen bewertet. Der flüchten wollende Hund erregt unser Mitgefühl und der aggressive macht uns Angst oder wütend. Aus diesem Grund erstickt man diese Verhaltensweisen oft im Keim. Sie haben keinen Platz bei uns Menschen. Feldforschungen in Italien, Indien oder Russland zeigen auf, dass Hunde, die selbstständig und selbstwirksam auf der Straße leben, weitestgehend entspannte Hunde mit einem gut regulierten Stresssystem sind. Auf Bali (Corrieri et al., 2018) konnte zudem eine Untersuchung

ANPASSUNG UND ANPASSUNGSLEISTUNG

Eine Anpassungsleistung kann auf geistiger und körperlicher Ebene passieren. Unser Organismus strebt stets nach Anpassung und Ausgleich, die Fachbegriffe dazu sind Homöostase als Zustand und Allostase als Prozess. Kommt es zu einer solchen andauernden Leistung des Körpers, ohne ausreichend Zeit der Regeneration, Integration und Verarbeitung zu erhalten, geschieht die sogenannte allostatische Überlastung (McEwen & Gianaros 2011). Wie bei einem Burn-out folgt die totale Erschöpfung, die mit einer Destabilisierung des Nervensystems einhergeht.

Diese Hunde können eigene Entscheidungen treffen. Auch wenn sie vorsichtig sein müssen, zeigen sie in der Freiheit ein ausgeglicheneres Verhalten als ein Haushund.

durchgeführt werden, die einen guten Vergleich zeigt. Seit einiger Zeit hält man dort frei lebende Hunde als Haustiere. So kann der Unterschied zwischen den frei lebenden und den ans Haus gebundenen Vierbeinern gut betrachtet werden. Die meiste Zeit liegen die freien Hunde herum und ruhen. Sie jagen weniger, zeigen einen niedrigen Erregungslevel und weniger aggressive Handlungen. Die Haushunde weisen wesentlich mehr Aktivität und Erregung auf bis hin zu problematischen Verhaltensweisen. Wieso zeigen die Hunde in Obhut des Menschen sich nicht entspannter? Eine Erklärung ist, dass frei lebende Hunde ihrem natürlichen Erkundungsverhalten folgen können, sowie selbstwirksame Entscheidungen treffen dürfen. Der Raum ist hier frei für natürliche Verhaltensweisen, die auch der Regulation der inneren Bedürfnisse dienen. Wie von der Natur vorgesehen, können die Endhandlungen und der Erregungsabbau wirken.
Je enger der Raum wird, desto eher führt es zu einem Ungleichgewicht im Organismus. Daraus ergeben sich viele Verhaltensweisen: übersteigerte Aufregung, Aggression oder Ängstlichkeit bis hin zu organischen Themen, ausgelöst durch anhaltenden Stress und fehlenden Erregungsabbau. Was denkst du? Ist dieses Dilemma auflösbar? Gar nicht so einfach meine

Während in Deutschland Zäune, Türen und Leinen den Raum erheblich verkleinern.

ich, denn uns Menschen fällt der Mittelweg oft schwer. Gegenüber der Förderung aller natürlichen Verhaltensweisen des Hundes, stehen 42 gute Argumente (Zähne des Hundes), die je nach Motivation in Zaum gehalten werden müssen. Keiner möchte seinen kleinen Chihuahua verlieren, weil ihn der Rottweiler in seinem natürlichen Verhalten mit Beute verwechselt oder sein Territorium vor Kontrahenten geschützt hat. So kann ich weder alles zulassen, noch aus Resilienzsicht die Zügel zu eng ziehen, wenn ich einen gesunden Hund mit einem guten Stressregulationssystem haben möchte. Die Hundewelt ist jedoch vielfältig. Es gibt Hundetypen, die sich dieser Enge der Rahmenbedingungen sehr gut anpassen können und solche, denen es eher schwer fällt. Ein trauriger Fall ist ein Auslandshund, der acht Jahre selbstwirksam auf der Straße lebte. Kein Mensch hat ihn jemals anfassen müssen oder auch wollen. Nun sitzt er hier in Deutschland in einer Pflegestelle, die jeden Tag mit ihm trainiert, dass er überhaupt die Nähe eines Menschen akzeptiert. Zwischen sich hilflos zusammenkauern, unter sich pinkeln und aus Panik die Zähne einsetzen, ist alles an Verhaltensweisen dabei. Ich hätte ihm seinen Lebensabend auf der Straße gegönnt, statt jetzt noch eine Anpassung an den Menschen zu verlangen.

Hier darf ich buddeln, zu Hause nicht! Eigene Entscheidungen innerhalb bestimmter Rahmenbedingungen treffen zu dürfen, sorgt für ein ausgeglichenes Verhalten.

Puzzleteil 4:

Genetik, Persönlichkeit und die ersten Lebenswochen

Die Gene und damit einhergehend die Persönlichkeit gelten als Grundinformation für die Entwicklung und Funktionsweise des Hundes. Seit Jahrtausenden züchten wir die Hunde nach ihrer Funktionalität. Die Gene haben ebenfalls einen Einfluss auf die Resilienz.

Einige ehemals nervenstarke Rassen zeigen mittlerweile Instabilitäten.

Wie groß der Einfluss der Gene ist, kann keiner genau sagen. Doch lässt sich klar sagen, dass Hunde, die sich bereits in den ersten Lebenswochen stark stressanfällig zeigen, in ihrer Genetik oder Epigenetik eine Tendenz dazu haben. Man nennt diese emotionale Instabilität Vulnerabilität. Hier sollten Züchterinnen sehr genau hinschauen, mit welchen Hunden sie aus der Stress- und Resilienzsicht züchten, denn diese Geninformation wird an die nächsten Generationen weitergegeben, beispielsweise durch die Anzahl der Cortisolrezeptoren. So erging es einigen ehemals nervenstarken Rassehunden, die jetzt nur noch ein sehr dünnes Nerven-

Andere Rassen stehen seit langer Zeit für eigenständiges Handeln bei einem gleichbleibend starken Nervenkostüm.

kostüm haben und sich damit immer verhaltensauffälliger zeigen.
Durch die Hirnforschung der letzten Jahre lässt sich der prägendste und stärkste Faktor auf die Resilienz klar benennen: die vorgeburtlichen Erlebnisse und die ersten Lebenswochen. Sie haben eine sehr große Auswirkung darauf, wie ein Lebewesen in dem Bereich der Resilienz aufgestellt ist, denn im Mutterleib und in den ersten Lebenswochen des Hundes bildet sich das Stresssystem im limbischen System im Gehirn. Das passiert in starker Abhängigkeit zu der Hundemutter. Erlebt die Hundemutter zum Beispiel viel täglichen Stress, kommen die Welpen mit einer dauerhaft erhöhten Stresshormonproduktion zur Welt. Mit diesem System auf der „Festplatte" geht es dann in die Umwelt hinaus. Die hat zwar auch noch einen Anteil, doch das Grundprogramm ist geschrieben. Wie bereits erwähnt, lassen sich zum Glück jederzeit neue Synapsen im Gehirn bilden. Es sind Updates, die viel bewirken können, aber es ist keine neue Grundprogrammierung.

DIE ERSTEN LEBENSWOCHEN

Auch nach der Geburt geht es entscheidend für die Welpen weiter. Zeigt die Hundemutter ein fürsorgliches Pflegeverhalten, hat das einen schützenden Effekt auf die Welpen, sogar noch bis in die Folgegeneration (Meany M. J., 2001). Die Hundemutter und die Züchterin können zudem sehr gut dazu beitragen, dass der Welpe erste Stresskompetenzen entwickelt. So kann die Züchterin durch eine neurologische Stimulation (nach Battaglia, 2009) dafür sorgen, dass die Nervenverbindungen sich optimal entwickeln. Und die Hundemutter, die im Stehen säugt, sorgt bereits dafür, dass die Welpen sich mehr anstrengen müssen, um ihren Bedarf an Milch erfüllt zu bekommen. Oder der Welpe erkämpft sich den etwas längeren Weg zur Zitze allein und erlebt dabei ein leichtes Hungergefühl, statt einer sofortigen Befriedigung. Das sind kleine Stressoren auf dem Weg des Heranwachsens, die als Herausforderung bezeichnet werden können. Wenn der Kleine diese Hürden erfolgreich genommen hat, ist er bereits ein Stück in seiner Stress- und Resilienzkompetenz gewachsen.

FALLBEISPIEL

Als Christin ihren Welpen Nero abholte, ging ein großer Traum in Erfüllung: endlich ein eigener Schäferhund. Er kam aus einer kleinen, in einem Verband eingetragenen, Zucht. Christin freute sich über die gute Wahl und bekam vorab viele Videos zu den Aufwuchsbedingungen der kleinen Welpen. Sie wuchsen mit Pferden, Hühnern und Kindern draußen auf einem Bauernhof auf.
Die Mutter passte gut auf die Welpen auf und schleckte diese oft ab. Beim ersten Besuch der sechs Wochen alten Welpen wurde Christin mit lautem Gebell am Hoftor empfangen. Sie fühlte sich eher unwohl, als die sechs erwachsenen Hunde des Hofes ans Tor kamen, freundlich war anders. Das ungute Bauchgefühl versuchte sie beiseitezuschieben, indem sie sich selbst einredete, dass diese Hunde nun einmal den Auftrag haben, den Hof zu bewachen. Als die Züchterin kam, durfte Christin eintreten und die Hunde zogen sich zurück. Freudig begrüßt wurde sie lediglich von dem Labradormischling, der auch auf dem Hof lebte. Die Züchterin sagte, dass die Tiere natürlich durch die Welpen aufgeregter seien als sonst. Das beruhigte Christin ein wenig. Die Welpen lagen in der hintersten Ecke des schönen und dicht bewachsenen Grundstücks. Durch das Gebell hatten sie sich zurückgezogen und warteten nun ab, wer jetzt kommt. Erst als Christin sich auf den Boden setzte, kamen die kleinen Vierbeiner neugierig an. Das Interesse an dem Menschen währte jedoch nicht lang, sie fingen an, untereinander zu spielen. Die erwachsenen Hunde lagen auf dem Hof verstreut und entspannten sich. Das Szenario veränderte sich, denn plötzlich ging wieder ein lautes Gebell los. Der Postwagen kam. Die Welpen zogen sich schnell zurück in ihre Ecke. Die Züchterin lachte und sagte: „Sie verbellen selbst meinen Mann, wenn er morgens auf den Hof kommt…“
Zum zweiten Mal meldete sich dieses ungute Gefühl in Christins Bauch. Auf einer großen Wiese konnte Christin die Welpen dann ausgiebig beobachten und musste oft lachen, welche Ideen die Racker so hatten. Der mit dem roten Halsband würde ihr Welpe sein. Die Züchterin hatte ihn für sie ausgesucht. So fuhr sie am Abend glücklich nach Hause, das ungute Gefühl war weg, und sie freute sich auf ihren eigenen Hund. Zwei Wochen später holte sie Nero ab. Schreiend saß er in ihrem Arm im Auto, die Trennung von seinen Geschwistern fiel ihm anscheinend sehr schwer. Christin blutete das Herz, ihren kleinen Hund so zu erleben.
Die ersten Tage im neuen Zuhause waren von vielen Unsicherheiten geprägt. Bei lauten Geräuschen zuckte Nero zusammen, fremde Menschen mied er, manchmal schrie er auch, wenn sich ein solcher dem niedlichen Welpen zu schnell näherte. Und wenn irgendwo in der Nachbarschaft ein Hund bellte, den er durch das offene Fenster hörte, zeigte er starke Stresssignale. Christin verzweifelte. Mit diesem Verhalten hatte sie nicht gerechnet, sie fand dazu auch in keinem Welpenbuch einen Rat.
Was meinst du zu diesem Fall? Welches Gefühl hinterlässt er bei dir?
Die Hormone der Mutter bereiten die Kleinen auf die Welt vor. Je mehr Stresshormone fließen, desto reizoffener und reaktiver muss der Welpe werden. Denn die Welt draußen scheint unsicher zu sein. In diesem Fallbeispiel schlug die Hundemutter zusammen mit den anderen Hunden aus dem Rudel mehrfach am Tag Alarm. Jede Alarmierung hatte einen hormonellen Einfluss auf den Körper. So floss u. a. Adrenalin, ein Hormon, das für die schnelle Bereitstellung von Energien in bedrohlichen Situationen zuständig ist, auch Cortisol, das Stresshormon, wird beteiligt gewesen sein. Das Gehirn der noch ungeborenen Hundewelpen wurde dadurch beeinflusst. Zwar zeigte die Hundemutter nach der Geburt das wichtige Fürsorgeverhalten, um für eine sichere Bindung zu sorgen, doch das reichte nicht aus, um die tägliche Aktivierung der Stresshormone auszugleichen.

1

2

3

1 So süß sie als Welpen aussehen, Schäferhunde tragen häufig ein größeres Maß an Skepsis und Ernsthaftigkeit in sich.

2 Sie besitzen eine schnelle Reaktionsbereitschaft und erhöhte Aufmerksamkeit.

3 Schäferhunde gehören in erfahrene Hände.

In vielen Fällen sind hier „resiliente“ Gene vorhanden: der Labrador Retriever. Lediglich die Selbstregulation fällt manchmal etwas schwer.

PERSÖNLICHKEITSMERKMALE, DIE DER RESILIENZ HELFEN

Offenheit für neue Erfahrungen: Dein Hund erlebt gern Neues und zeigt eine ausgeprägte Neugierde und Erkundungsfreude.

Extrovertiertheit: Dein Hund zeigt gern, was er denkt und fühlt. Er braucht keine Zeit, um warm zu werden, er ist gleich präsent.

Nervenstärke (das Gegenteil von Neurotizismus): Dein Hund hat ein stabiles Nervenkostüm. Ihn haut so schnell nichts aus den Socken.

Geselligkeit: Dein Hund ist gern mit anderen Menschen oder Hunden zusammen. Er ist dabei freundlich und seinem Gegenüber zugeneigt. Er passt sich bereitwillig an.

Eine niedrige Erregbarkeit: Dein Hund regt sich nicht so schnell auf, wenn es an der Haustier klingelt oder ein Fremder im Raum steht.

DIE RASSE

Bei dem Fallbeispiel hat die Rasse ebenfalls einen Anteil. Auf einen Labrador mit seiner grundpositiven Einstellung zum Leben, hätten die Umweltbedingungen wahrscheinlich weniger Einfluss gehabt. Bei einem Schäferhund sieht es anders aus. Seine Aufgaben liegen schon seit Jahrhunderten im schützenden Bereich. Dazu gehört eine Portion Misstrauen und eine feine Wahrnehmung von Gefahren. Die Aufwuchsbedingungen von Nero waren quasi der Samen, der auf ein fruchtbares Feld gefallen ist. So fand das genetisch ausgeprägte Misstrauen in die Umwelt ein starkes Wachstum durch das Verhalten der Hundemutter und der Umgebung.

Aus Resilienzsicht ein Projekt, bei dem fast jeder Resilienzfaktor Anwendung findet, aus Christins Sicht war es erst mal eine traurige Angelegenheit. Ihre Erwartungshaltung musste neu ausgerichtet werden und ein intensives Training dazu nötig, um Nero zu mehr Gelassenheit zu verhelfen. Mehr zu dem praktischen Training mit Nero findest Du im Kapitel 3: Regeneration, Stressabbau, Körperarbeit, Sport.

Ja, der Labrador steht ganz weit vorne, genetisch mit einer guten Resilienz ausgestattet zu sein.

Scherzhaft sage ich manchmal, dass es schwer ist, einen Labrador zu traumatisieren. Das stimmt natürlich nicht ganz, denn auch ich habe solche traumatisierten Tiere erlebt. Doch ist die Tendenz, diesen so freundlich gestimmten Hund durch negative Erlebnisse zu traumatisieren, wesentlich geringer.
Manche Persönlichkeitsmerkmale erschweren den Hunden auch unseren Alltag, zum Beispiel die Introversion. Dieses Merkmal lässt nicht sofort einen Rückschluss auf die Befindlichkeit zu. Introvertierte Hunde brauchen manchmal länger, um Situationen einzusortieren und sich sicher zu fühlen. In unserer schnellen Gesellschaft ist dafür oft kein Platz. So entsteht aus Sicht des Hundes schnell ein übergriffiges Verhalten, wenn der Mensch plötzlich zu nah kommt, obwohl der Hund zu dieser Nähe noch nicht bereit war. Im schlechtesten Fall verschafft er sich dann Raum durch ein aggressives Verhalten. Der Satz „… er hat ohne jegliche Vorwarnung einfach zugebissen!" trägt häufig eine längere Geschichte eines introvertierten Hundes mit sich, dessen Befindlichkeiten nicht erkannt wurden. Lässt man diesem Hund den Raum und die Zeit, hat er das aggressive Verhalten kaum nötig und sucht durchaus die Nähe von sich aus.

„Augen auf beim Welpenkauf" – dieser Spruch passt zusammenfassend sehr gut. Die Gene, das Stressverhalten der Mutter und der Umgebung in den ersten Lebenswochen tragen maßgeblich dazu bei, wie dein Hund im Stressverhalten aufgestellt ist.
Die Persönlichkeit deines Hundes ist dabei ein weiteres wichtiges Merkmal der Resilienzbetrachtung.

Der Golden Retriever besitzt ebenfalls einen hohen Anteil resilienter Gene in seiner Persönlichkeit. Grundsätzlich arbeitet man immer mit der Persönlichkeit des Hundes und nicht gegen sie.

Wer einen eher introvertierten Hund hat, sollte ihm viel Zeit geben, neue Situationen kennenzulernen, außerdem frühzeitig die Signale von Überforderung zu erkennen.

Puzzleteil 5:

Wahrnehmung und Resilienz

Da schießt der Hase direkt vor deinem Hund aus dem Gras. Ein Reiz, der scheinbar aus dem Nichts auftaucht und jetzt innerhalb kürzester Zeit eine Reaktion in deinem Hund auslöst.

Vielleicht hat er ihn schon vorher gerochen und ist jetzt gar nicht so überrascht, sondern befand sich bereits in einer „gespannten Erwartungshaltung", oder er zeigt sich wirklich überrascht und reagiert reflexartig: jagen oder flüchten. Beides kann als Verhalten gezeigt werden, wobei sehr wahrscheinlich das erste Verhalten überwiegt. Reize lösen etwas in deinem Hund aus. Wie sie aufgenommen werden und was sie genau auslösen, betrachten wir gern einmal gemeinsam.
Mit welchen Sinnen nimmt dein Hund die Umwelt wahr? Hat er vielleicht eine Vorliebe für einen bestimmten Sinn?
Die Wahrnehmung eines Reizes erfolgt über mehrere Filter- und Verstärkungsmechanismen. Das Auge oder die Nase haben bereits eigene Wahrnehmungsfilter. So gefiltert wird die Information an das Gehirn weitergegeben. Auch hier durchläuft der Reiz mehrere Schichten, und es

ARTEN DER REIZAUFNAHME

Optisch mit den Augen

Olfaktorisch mit der Nase

Geschmacklich mit dem Geschmackssinn und dem Jacobsonschen Organ

Haptisch mit den Tasthaaren, Pfoten, der Haut und allen anderen Haaren als Tastrezeptoren

Akustisch über die Ohren

erfolgt ein Abgleich mit bisher Erlebtem und Gesehenem. Durch den Präfrontalen Kortex, dem Neokortex, Limbischen System, Hypothalamus und dem Kleinhirn geht die Reise der Reize, und jeder Teil filtert oder verstärkt. Diese Informationen werden in den einzelnen Gehirnarealen bewertet. Ob der Reiz eine Gefahr oder keine Gefahr darstellt, ist die erste wichtige Bewertung. Kann man den Reiz jagen, essen, löst er Freude aus oder ist er neutral zu bewerten? Nach der Bewertung folgt die Erwartung an den Reiz und die Reaktion. Ist dein Hund in der Resilienz gut aufgestellt, wird er jetzt angemessene Verhaltensweisen zeigen (nicht unbedingt die von dir gewünschten Verhaltensweisen! Denn das steht noch mal auf einem anderen Blatt des „Lernens"). Sein Regulationssystem arbeitet normal und stellt die passenden Energien zur Verfügung, um auf den Reiz zu reagieren und damit umzugehen.

Dieser Vorgang beschreibt einen optimalen Umgang mit der Reizwahrnehmung, der Bewertung und dem Verhalten.

Doch was ist, wenn der Reiz eine viel stärkere Bewertung erfährt als eigentlich nötig? Oder alle Reize, die auf deinen Hund eingehen, wirken viel intensiver als bei anderen Hunden? Was ist, wenn der Filter nicht optimal filtert, sondern eher noch verstärkt?

Manche Hunde haben eine feinere Wahrnehmung als andere, alles wird intensiver und schneller über die Sinne aufgenommen.

Zwei Terriertypen kommen aufeinander zu. Wie nehmen sie diesen Reiz wahr? Oft entscheiden Millisekunden der Wahrnehmung über eine Reaktion.

HOCHSENSIBILITÄT

Hast du schon einmal etwas über Hochsensibilität gehört? Das ist ein sehr spannendes Thema, und wer dort tiefer einsteigt, wird verstehen, warum manche Hunde (und Menschen) anders reagieren als von uns erwartet. Einige Wissenschaftlerinnen sprechen auch von der Hochreaktivität als ein angeborenes Temperament. Im Aufbau des Gehirns lässt sich dieses Merkmal sogar ablesen (Acevedo et al., 2014). Die Amygdala ist aktiver und meldet viel eher und schneller Gefahren, während ein anderer Bereich im Kortex, zuständig für die Bremse und die Vernunft, weniger stark ausgeprägt ist. Das Gefühl der Angst bleibt so beispielsweise länger bestehen, selbst wenn die Situation bereits keine Gefahr mehr signalisiert.

Hochsensibilität ist keine psychische Krankheit, sondern eine sensiblere Wahrnehmungsart. Bei über 100 Tierarten wurde dieses Merkmal bereits entdeckt – bei Vögeln, Primaten und bei Hunden. Ähnlich wie beim Menschen liegt die Rate bei ca. 20 % der Population.

Bei den Hochsensiblen findet die Verarbeitung von Informationen tiefer statt, die Reizschwelle ist dadurch

»Hochsensibilität wird als eine angeborene Eigenschaft verstanden, Reize feiner wahrzunehmen und eine stärkere Reaktion darauf zu zeigen.«

Für hochsensible Hunde ist die Welt wesentlich lauter und greller.

schneller erreicht, die emotionale Berührbarkeit zeigt sich verstärkt, und auch feinste subtile Reize werden aufgenommen.
Gerade die Empathie, die Spiegelneuronen und das „Sozialkleberhormon" Oxytocin sind bei Hunden in dem Bereich der Sensibilität breiter ausgebaut. Der Einfluss von Oxytocin auf die Wahrnehmung der Interaktion mit einem Menschen wurde bei Hunden untersucht, indem ihnen das Hormon über ein Nasenspray verabreicht wurde (Oliva, et al., 2015). Diese Tiere zeigten eine deutlich verbesserte Reaktion auf Zeigegesten und das Verfolgen des Blickkontakts. Die so übermittelten Informationen an den Hund wurden dann zielgerichteter ausgeführt.
Spiegelneuronen sind Nervenzellen im Gehirn, die durch Beobachtung aktiv werden und das Ausdrucksverhalten des Gegenübers wahrnehmen und nachempfinden können, wobei sich im Bereich der Nachempfindung noch weitere Areale im Gehirn verknüpfen. So findet das überlebenswichtige Nachahmungslernen gute Bedingungen im Gehirn.
Die einzelnen Persönlichkeitsmerkmale stehen auch in einem Zusammenhang bzw. können diesen Prozess noch verstärken. Der Hochsensible ist offen für neue Erfahrungen, zeitgleich tendenziell eher introvertiert und emotional eher instabil (Aron et al., 1997). Da werden unsere „Resilienzohren" doch gleich hellhörig: emotional instabil ... Das heißt umgekehrt, können wir durch ein Training an der emotionalen Stabilität diese Hunde eventuell unterstützen?

Eine sensible Wahrnehmung und ein stabiles Nervenkostüm sind eine gute Kombination, um den Alltag zu bestehen.

Bei der Beschreibung der Hochsensibilität habe ich einen Border Collie-Typen vor Augen. Definitiv ist derselbe hochgradig reizsensibel, und ganz klar kann ich sagen, je emotional stabiler der Typ, desto besser kommt er mit dieser Sensibilität klar. Also ein klassischer Fall für ein Resilienztraining!
Eines sei jedoch vorweg gesagt: Die sensible Reizwahrnehmung wird sich nicht verändern, doch die Auswirkung der Sensibilität lässt sich durch ein Resilienztraining und mehr Stabilität abmildern.

Puzzleteil 6:

Resilienz und Hormone

Die Hormonproduktion hat eine starke Auswirkung auf das Verhalten deines Hundes. Besonders deutlich macht es sich bemerkbar, wenn das Hormonsystem nicht ausgeglichen ist.

Ein gutes Beispiel, das dir bestimmt bekannt vorkommt, ist die Pubertät. Hier fahren die Hormone Achterbahn, werfen dabei Konfetti aus dem Waggon, und die Synapsen feiern Fasching. Mit diesem Sinnbild kann dieser hormonelle Ausnahmezustand gut beschrieben werden. Zum Glück pendelt es sich im Laufe des Erwachsenwerdens wieder ein, und alles findet seinen Platz, um passend wirken zu können.

Wie bereits in anderen Kapiteln beschrieben, geht es in der Resilienz um den Ausgleich und die Regulation. Dein Hund erlebt Stress, der Körper und die Hormonproduktion reagiert darauf, und danach findet alles wieder zurück in die Stabilität und Sicherheit, inklusive der gemachten Lernerfahrung. So wäre der optimale Prozess eines resilienten Hundes, wie bei unserer Bella am Anfang des Buches.

STÖRUNGEN

Doch leider gibt es eine Menge Themen, die den Hund in dem hormonell-optimalen Ablauf stören können:

– starker Stress bereits im Mutterleib
– fehlendes Fürsorgeverhalten der Mutter
– stark negative Erlebnisse in den sensiblen Phasen der Welpen- und Junghundzeit
– keine gefühlte Ansprechpartnerin im Konflikt (unsichere, ambivalente oder desorganisierte Bindung)
– ein genetisch bedingtes dünnes Nervenkostüm oder eine hohe Reizsensibilität
– Deprivation oder eine fehlende Sozialisierung
– fehlende Erziehung und Anpassung (keinen Rahmen zum Anlehnen und Entspannen)
– eine zu frühe Kastration (Eingriff in das Hormonsystem)
– dauerhafter Stress
– organische Schäden und Krankheiten (z. B. Schilddrüse, Nebennierenerkrankung)
– unerkannte Schmerzen
– neurologische Schäden (u. a. Hirntumor, Demenz)

All das hat einen nachhaltigen Einfluss auf die passende Regulation des Hormonhaushalts. Bei einem im Verhalten stark auffälligen Hund sollte man diese Themen prüfen, damit auch Krankheiten und Schmerzen ausgeschlossen werden können.

STRESSMUSTER

Das alte Stressreaktionsmuster eines jeden Lebewesens besteht, wie bereits geschrieben, aus Kampf oder Flucht. Die dazu bereitgestellten Hormone sind Adrenalin und Noradrenalin. Sie sorgen für eine Art Notfallprogramm, bei dem schnellstmöglichst alle zur Verfügung stehenden Ressourcen aktiviert werden. Der Nervenstrang des Sympathikus gibt diese Informationen an alle Organe weiter. Der Herzschlag erhöht sich, der Atem beschleunigt sich, die Muskelspannung wird mehr und die Energie (Blutzucker und Fette) bereitgestellt. Sobald die Gefahr vorbei ist, fährt das System wieder runter, und es geht in die Regeneration und den Abbau der zur Verfügung gestellten Energie. Hält die Gefahr länger an und ist keine Kontrolle möglich, kommt das Langzeit-Stresshormon dazu – das Cortisol. Das Verhalten des Hundes geht in die Passivität und Hilflosigkeit.

Durch die genannten störenden Einflüsse können Hunde in diesem Notprogramm öfter als nötig unterwegs sein. Es wird überall eine Gefahr gesehen, gerochen oder vermutet.

Was wir dann sehen, ist vor allem ein unheimlich aufgeregter Hund. Umso wichtiger ist es, dass du deine Resilienzbrille aufsetzt und genau hinschaust, welche Ursache die Aufregung hat.

Eine dauerhafte Aktivierung der Stresshormone macht krank. Wichtig ist die Regenerationsphase nach erlebter Aufregung.

Bei der Regulation haben wir Menschen einen großen Einfluss.

Dem Balljunkie fällt die Regulation der Aufregung schwer. Wird täglich Ball gespielt, überträgt sich die fehlende Selbstregulation auch auf den Alltag. Diese Hunde zeigen sich nervös und hibbelig.

POSITIVE BOTENSTOFFE

Botenstoffe, die deinen Hund in seiner Resilienz positiv unterstützen, sind das Bindungshormon (Oxytocin) und die Glückshormone (Serotonin, Dopamin und Endorphin). Bindung beruhigt, und ein Glücksempfinden wirkt positiv aktivierend. Beides zusammen sind hervorragende Gegenspieler bei negativen Stresszuständen. Wobei wir auch dem Stresshormon Cortisol dankbar sein sollten, denn so negativ, wie es oft behauptet wird, ist es nicht. Es wirkt ebenfalls entzündungshemmend, macht wach und aufmerksam. Ohne dieses wertvolle Hormon wäre der Schlaf-Wach-Rhythmus sehr unausgeglichen und das Lernen sowie generell eine Leistung zu erbringen, würde viel schlechter funktionieren. Nur ein zuviel und ein zulang kann sich negativ auswir-

Mit ausgeglichenen Hunden ist die Freude im Alltag größer, vor allem in der Mehrhundehaltung.

ken. Der Einfluss eines hohen Cortisolspiegels über einen längeren Zeitraum führt zu einer Destabilisierung und Degeneration neuronaler Strukturen im Gehirn (Hüther 1997). Negativer, unkontrollierbarer und nicht bewältigbarer Stress macht ideenlos und letzten Endes hilflos.
Im Körper passiert noch mehr: Schmerzhafte Muskelverspannungen und eine geschwächte Immunabwehr bis hin zu allergischen Reaktionen, Entzündungen und Autoimmunerkrankungen sind die Folge einer dauerhaften Cortisolerhöhung.
Ebenfalls wirkt sich ein Zuviel an Dopamin und Endorphin negativ aus. Auf der einen Seite sind es wunderbare Aktivatoren, die erst eine Freude und Lust am Handeln ermöglichen. Auf der anderen Seite können sie süchtig machen und eine große Erwartungshaltung schaffen. Sichtbar werden sie bei den sogenannten Balljunkies, die ihre Umwelt nicht mehr wahrnehmen, kaum ein natürliches Erkundungsverhalten zeigen und nur noch das eine im Kopf haben: den Ball.
Ist dein Hund häufig in einem hohen Erregungszustand, braucht es umso mehr die Aktivierung der Bremse (des Parasympathikus), um regenerieren zu können. Traut sich dein Hund eher wenig zu und ist ängstlich oder unsicher, helfen hingegen die Aktivierungshormone und eine Erwartungshaltung. Jedes Training an den einzelnen Resilienzfaktoren beeinflusst das Hormonsystem. Du darfst jetzt herausfinden, welche Faktoren es sind, die dein Hund zur optimalen Regulierung braucht. Eines vorweg: Mit einer Förderung von Oxytocin, also eurer Bindung, machst du nichts verkehrt, es steigert sogar die Bereitschaft, Probleme gemeinsam zu lösen (Persson et al., 2017).

KURZ GEFASST

Zusammenfassend beeinflusst jegliche Ansprache der Resilienzfaktoren auch den Hormonhaushalt deines Hundes. Wenn du dir dabei bewusst machst, welche Hormone und Neurotransmitter du in der Tendenz gerade ankurbelst oder reduzierst, kannst du für einen guten inneren Ausgleich deines Hundes sorgen.

Puzzleteil 7:

Resilienz und Ernährung

Ein gesunder Darm hat Auswirkungen auf das Stresserleben. Vor allem der Darm-Hirn-Nerv (der Vagusnerv) unterstützt dabei, sich selbst in seinen emotionalen Zuständen regulieren zu können.

Die passende Ernährung, einen ausgeglichenen Säure-Basenhaushalt, ausreichend Bewegung, das Nervensystem ansprechende Körperarbeit (u. a. Yoga, TaiChi, QiGong) plus ein Coaching an den Gedanken und Motivationen gelten derzeit als wissenschaftlich gut untersuchte Möglichkeit, sein Stresserleben aktiv zu verbessern. Schade, dass es diese wissenschaftlichen Erkenntnisse nicht in der gleichen Fülle für Hunde gibt.
Ernährung hat definitiv einen Einfluss auf die Resilienz und das Stresserleben des Hundes. Nur wie stark diese Wirkung ausfällt, kann noch nicht genau gesagt werden. Klar ist auch, dass Stresszustände wichtige Nährstoffe im Körper verbrauchen. Bei länger andauerndem Stress entstehen so Defizite, die sich an der Haut und am Haarkleid sowie an einer schlechteren Immunabwehr bemerkbar machen. Im Verhalten kann sich der Hund nervöser, aufgeregter und unkonzentriert zeigen oder das Gegenteil ist der Fall, und der Hund wirkt depressiv.

DER VAGUSNERV

Der Darm und das Gehirn sind auch beim Hund direkt über den Vagusnerv verbunden. Der Verdauungskanal ist ein komplexes Netzwerk aus Nerven und Verschaltungen, manche sprechen bei den ganzen Verbindungen auch von dem Darmhirn. Es ist ein eigenständiges Nervensystem in unserem Körper, welches sich zwar mit den anderen Nervensystemen abgleicht, aber tatsächlich autonom handelt. Die Glückshormone Serotonin und Dopamin werden auch dort produziert. Somit ist klar, dass der Magen-Darm-Trakt einen deutlichen Einfluss auf das Wohlbefinden und Stressempfinden hat.
Vor einigen Jahren gab es dazu ein Experiment (Bravo et al., 2011). Man unternahm einen Stresstest mit Mäusen, indem ihr Käfig mit Wasser geflutet wurde. Dabei beobachte man, wie schnell sie den Mut fassten, um ins Wasser zu springen, damit sie sich in Sicherheit bringen konnten. Danach wurden Blutwerte genommen, damit man prüfen konnte, was dieser Stress mit den Mäusen macht. Eine Gruppe von Mäusen bekam vorab sechs Wochen lang Darmbakterien (*Lactobacillus rhamnosus*) verabreicht. Diese Gruppe zeigte sich mutiger und mit wesentlich weniger Stress als die Kontrollgruppe ohne diese extra zugeführten Darmbakterien. Wurde der Darm-Hirn-Nerv (Vagus) durchtrennt, schnitten sie genauso ab wie die andere Gruppe. Ein gesunder Darm mit einer guten Darmflora hilft demnach dem Wohlgefühl sowie der Selbstsicherheit und mildert ängstliches Verhalten ab.

Die Natur hält einiges an gesunden Wirkstoffen bereit.

Allerdings sind Mäuse mit ihrem körpereigenen Darmsystem nicht ganz so nah am Menschen. Ein Vergleich muss besonders gut geprüft werden. Erstaunlicherweise gleichen sich aber Hund und Mensch dafür umso mehr, wie ein deutsch-amerikanisches Forscherteam herausfand (Coelho et al., 2018). Wahrscheinlich liegt der Grund an der Domestikation und dem seit Jahrtausenden dichten Zusammenleben. Aus diesem Grund eignen sich Hunde besser für menschliche Ernährungsstudien als Mäuse oder Schweine. Lediglich die Bakterienstämme passen nicht immer zusammen, sodass andere Darmbakterien eine Rolle spielen. Eine durch starke Stresszustände gestörte Darmschranke lässt Giftstoffe und Bakterien in den Körper, es kann zu Entzündungen und allergischen Reaktionen kommen. Die Autoren S. Strodtbeck und B. Schröder nennen in ihrem Buch „Ernährung und Verhalten" die individuelle Anpassung der Ernährung ein Mosaiksteinchen im Umgang mit diversen Problemen, welches eine bessere Ansprechbarkeit für eine gezielte Therapie ermöglicht, damit am Ende ein rundes Bild entsteht. Dem kann ich absolut zustimmen.

Als Pflanzenheilkundlerin (Phytotherapeutin) erlebe ich den Einfluss von Kräutern und ihren ätherischen Ölen als einen weiteren Zusatz für das Wohlbefinden des Hundes. In dem Kapitel „Selbstregulation und Stressabbau" findest du darüber mehr.

Zusammenfassend gehört die Ernährung, vor allem bei Hunden mit starken Stresszuständen, unbedingt zu einer Resilienzbewertung dazu. Ein wichtiger Baustein, der jedoch einer individuellen Betrachtung bedarf und keiner ideologischen Ernährungsphilosophie folgen sollte.

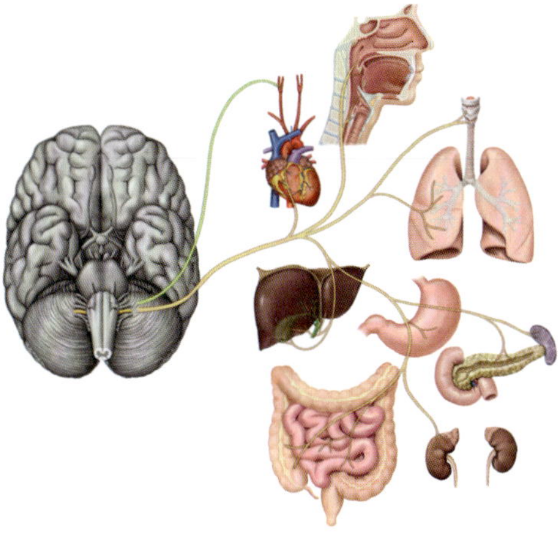

Der Vagusnerv verbindet auch bei unseren Hunden die Organe mit dem Gehirn und reguliert so das gesamtes System in der Funktion.

Puzzleteil 8:

Hundeschule und Resilienz

Hast du eine Hundeschule besucht? Wie waren dort deine Erfahrungen? Durften Hunde kommunizieren oder wurde eher an der Leine und mit dem Menschen gearbeitet?

Lag der Fokus auf der Erziehung des Hundes, auf dem Verhalten des Menschen oder auf beidem? Gab es Erklärungen zum Hundeverhalten und dem Stresserleben oder vielleicht sogar eine Förderung der Selbstwirksamkeit?

Da Hundeschulen so unterschiedlich sind wie es Hunderassen gibt, kann ich aus Resilienzsicht dazu nichts Pauschales schreiben. Schön ist es natürlich, wenn es individuell in der Hundeschule zugeht und die Trainerinnen einen großen Werkzeugkoffer

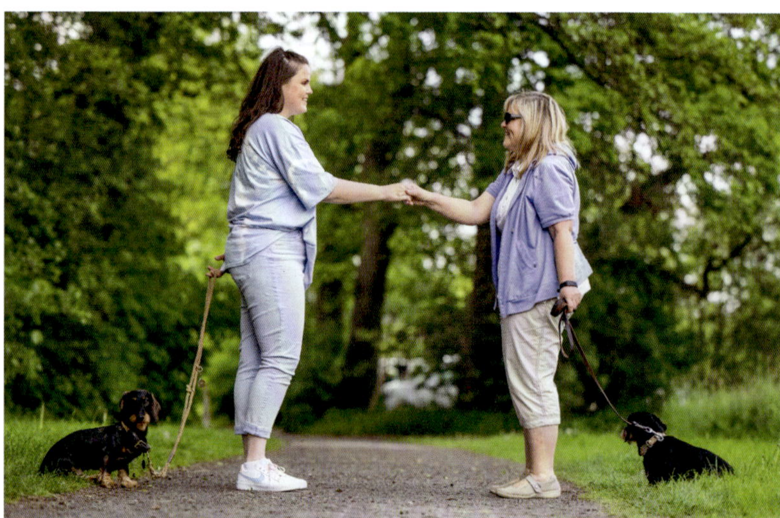

Hundeschulen sorgen häufig für die passende Erziehung, also das Einhalten der Rahmenbedingungen. Doch auch auf die Resilienz darf ein Auge geworfen werden.

Ein sinnvolles Training: Warten auf der Decke trotz Ablenkung. Impulskontrolle und Frustrationstoleranz wird in einer Hundeschule meist gut vermittelt.

besitzen, aus dem sie sich passend zum Mensch-Hund Team bedienen. Eine allgemeingültige Aussage im Sinne der Resilienz lässt sich allerdings zu den Welpen- und Junghundgruppen machen, denn in dieser Zeit wird ein wichtiger Baustein für verschiedene Kompetenzen gelegt.
Aus Resilienzsicht ist eine Interaktion und Kommunikation unter Welpen und Junghunden äußerst wertvoll.
So lernen die Hunde in der Kommunikation:
– durch Grenzen und Regeln die Anpassung,
– durch Ausprobieren verschiedener Verhaltensweisen die Selbstwirksamkeit,
– eine bessere Selbstwahrnehmung für die eigenen Emotionen,
– einen Ausbau der Motorik und Körperwahrnehmung,
– eine Streit- und Diskussionskultur,
– flexibles Denken und Handeln, kreatives Lösungsverhalten und damit ein Ausbau der Synapsen im Gehirn (Spiel macht schlau!),
– einen Ausgleich und Stressabbau,
– einen Umgang mit Frust
– und ein angemessenes Aggressionsverhalten.

Besonders die Hundekommunikation in den Welpengruppen ist aus Resilienzsicht zu fördern. Am besten in der 2er Kommunikation, während die anderen Hunde sich in der Selbstbeherrschung üben.

Insgesamt stärken sich so wichtige Sozialkompetenzen und Resilienzfaktoren. Große Welpenspielgruppen sind eher weniger förderlich. Hier kann es passieren, dass ein unsicherer Welpe unter die Räder kommt, wenn ein Raufbold ungehemmt seine Bedürfnisse befriedigen möchte. Kleine Gruppen und ausgewählte Kontakte sind Gold wert und sollten unbedingt mit den passenden Kommunikations- und Spielpartnern in einer Hundeschule zugelassen werden. Nebenbei lernst du deinen Hund besser kennen, denn es ist jedes Mal sehr spannend welche Strategien und Motivationen der eigene Hund im Vergleich zu den anderen hat. Es schult auch dein Auge im Umgang mit Hunden. Für die Resilienz ist es zuträglich, wenn du nur dann einschreitest, wenn es auch wirklich Hilfe bedarf. Denn genau hier ist das Übungsfeld, in dem dein Hund für sich selbst wirken darf und soll. Er lernt, welches Verhalten gut ankommt, was keine gute Idee ist, und wie er eine Situation durch sein Handeln verändern kann.
Ein zu starkes Kontrollieren des natürlichen Erkundungs- und Kommunikationsverhaltens durch den Menschen hat hingegen einen negativen Effekt, das zeigen auch verschiedene Feldforschungen (Rezac et al., 2001), (Howse et al., 2018), (Olsen et al., 2008). Je stärker der Einfluss des

Gemeinsam die Ruhe entdecken und Spaß dabei haben. Das darf und soll auch sein!

Menschen zum Beispiel durch die Leine ist, desto höher der Aktivitätslevel, wie auch die Erregung und Aggression. Das bedeutet allerdings nicht, ein „das machen die Hunde schon unter sich aus". Bei all den Unterschiedlichkeiten der Rassen im Ausdruckverhalten der Größe und Motivation kann das sehr unschön enden. Der Mittelweg zu finden, ist ein wichtiger Punkt: zwischen dem Erziehungswunsch und der Förderung liegt ein schmaler Grat. Es ist deine kleine Lernaufgabe als Hundehalterin, das Verhalten anderer Hunde lesen und einschätzen zu können, um zu schauen, wer ein sinnvoller Kommunikations- und Spielpartner für deinen Vierbeiner ist. Und natürlich auch das Verstehen deines eigenen Hundes, denn manchmal braucht es Schutz und ein anderes Mal klare Vorgaben, ohne jedoch zu stark in die Selbstwirksamkeit einzugreifen.
Eine Hundeschule kann dir helfen, das passende Fundament für die spätere Stresskompetenz und für das innerartliche Kommunikationsverhalten deines Welpen zu legen. Eine frühe angemessene Hundekommunikation sorgt auch in Zukunft für ein ausgeglichenes Verhalten, ohne dass es zu einer schnellen Eskalation aggressiver Verhaltensweisen kommt. Die Welpen lernen, sich durchzusetzen, sich Raum zu verschaffen oder zu deeskalieren.

Puzzleteil 9:

Resilientes Verhalten lernen

Wie kann dein Hund ein resilientes Denken und Handeln lernen? In der Theorie hört es sich oft logisch an, doch die Praxis stellt einen dann vor Herausforderungen. Vielleicht hast du jetzt bereits erste Ideen, was dein Hund braucht, um gelassener zu werden.

Wie kommt dieses Wissen also in den Hund? Dazu möchte ich mit dir einmal kurz in die Prozesse des Lernens gehen und mit der Frage beginnen: Beruht eigentlich alles auf Reflexe und der Konditionierung? In der Theorie ist alles eine Konditionierung. Doch liefert dieses Wort nicht die Komplexität, die wir bei unseren Hunden beobachten können. Hunde können auch Probleme lösen, wenn sie vorher noch keine Idee dazu gehabt haben. So reagieren viele intuitiv auf die Zeigegeste, selbst ohne Training. Das Wort Kognition beschreibt hier den Prozess, wenn Hunde durch Erkenntnisse lernen. Es ist ein individueller Weg, der durch das Auseinandersetzen mit der Umwelt passiert und persönliche und individuelle Eigenschaften miteinbezieht. Auch die Emotionen und das Bewusstsein unserer vierbeinigen Freunde rücken immer mehr in den Vordergrund der Forschung. So entfernen

Bewusst die Lernprozesse für ein Ziel nutzen: Hier lernt der junge Hund den Einstieg in die Dummyarbeit.

wir uns weiter weg von den feststehenden theoretischen Konstrukten und gehen hinein in die bunte Welt des Individuums.

DAS GEDÄCHTNIS

Die Basis für einen Lernerfolg ist das Gedächtnis, denn hier speichern sich alle Informationen ab, die du deinem Hund gibst. Im Optimalfall kann dein Hund jederzeit auf die erlernten Inhalte zurückgreifen. Doch so einfach ist es nicht, denn die Gedächtnisleistung wird von einigen Faktoren beeinflusst. So braucht es ausreichend Ruhe und Schlafenszeiten, um Gelerntes zu festigen und ebenfalls ein ausgeglichenes Hormonsystem und einen niedrigen bis mittleren Stresslevel, damit ausreichend Raum für Neues vorhanden ist. Ist dein Hund meist im Notprogramm unterwegs und hat zu viel Stress, dauern Lernprozesse länger, denn der Körper ist mit der ständigen Regulation der inneren Zustände beschäftigt.

Aus diesem Grund gilt vor allem bei einem Resilienztraining mit emotional instabilen Hunden: möglichst reizarm anfangen und die Reize langsam steigern.

Gerade bei traumatisierten Hunden ist es besonders wichtig, die Sinneswahrnehmung, das Gedächtnis und Lernen unter die Lupe zu nehmen, denn diese Hunde lernen nicht nur deutlich anders, sie nehmen ihre Umwelt auch anders wahr.

Das Gedächtnis ist unterschiedlich aufgeteilt, so gibt es u. a. einen Ort, in dem Personen abgespeichert werden, ein Sach- bzw. Geruchsgedächtnis und ein emotionales Gedächtnis. Alle wahrgenommenen Reize laufen erst in das sensorische Gedächtnis und werden kurz gespeichert, um dann weitergeleitet zu werden. Das kann ein Windhauch sein, der das Fell deines Hundes aufstellen lässt oder ein Steinchen unter den Pfotenballen. Hier können bereits ein Lernen und eine Verknüpfung mit Emotionen stattfinden. Wenn die Reize wichtig sind, geht es weiter ins Arbeitsgedächtnis, das nur eine geringe Speicherkapazität hat. Das Langzeitgedächtnis hat den größten Speicher und steht für alles, was dein Hund bisher erlebt und gelernt hat. Hunde können sich auch an Gerüche, Menschen und Orte erinnern, die sie vor längerer Zeit erfahren haben und Verknüpfungen herstellen. Diesen Teil nennt man episodisches Gedächtnis (C. Fugazza, et al., 2016).

Echte Freude unterstützt das Lernen enorm und bringt die soziale Ebene mit ein. Dazu gehört Mimik, Gestik, Körpersprache und die Stimme.

VERÄNDERUNG DURCH EIN TRAUMA

Nach einer Traumatisierung finden die Bestandteile der einzelnen Gedächtnisorte oft nicht mehr zusammen. Es ist wie ein großes Puzzle, das plötzlich durcheinander gerät. Da ruft ein Geruch einen Flashback hervor, und der Hund kommt in einen panikartigen Zustand, obwohl der Verursacher des Traumas nicht vorhanden und auch der Ort ein anderer ist. Um mit stark bewegenden Erlebnissen abzuschließen, braucht es eine Integration aller Sinne und Bewertungen, damit wieder ein Zugang zu den inneren Zuständen erreicht wird. Das Puzzle muss wieder zusammenfinden, damit das ganze Bild betrachtet werden kann. Das ist der Weg zu dem wichtigen Sicherheitsgefühl und der Stabilität.

LERNPROZESSE

Dein Hund lernt auf unterschiedliche Art und Weise. Doch eines ist immer gleich: Bei allen Lernprozessen bilden sich neue Synapsen und Verschaltungen im Gehirn. Sie wirken damit direkt auf die Hormone und das Verhalten. Ein junger Hund lernt schneller Neues, ein älterer Hund braucht manchmal länger. Doch auch das lässt sich nicht pauschal sagen. Denn hat ein junger Hund das Lernen gelernt, konnte er also mit Freude sein Erkundungsverhalten ausleben und den Spaß am Neuen entdecken, so wird er später mit einer besseren Merkfähigkeit und einem flexiblen Denken ausgestattet sein. Sind die Nervenbahnen, die Impulse weiterleiten, zu breiten Datenautobahnen geworden, steht einem sehr guten Lernvermögen nichts mehr im Weg. Dazu gehört auch die Motorik, bei der nicht nur die „Schokoladenseite" trainiert wird, sondern jede einzelne Erfahrung der Gliedmaßen eine gute und sinnvolle Erfahrung für die Muskeln, Gelenke und das Gehirn ist. Ein hervorragendes Feld, um zu schauen, wie es um die Motorik steht, ist das Longieren oder Gerätetraining.
Wie du siehst, sind sehr viele Lernprozesse miteinander verknüpft, wenn es darum geht, deinem Hund zu mehr Gelassenheit zu verhelfen.

FAKTEN FÜR SOZIALES LERNEN

Hunde lernen schneller, wenn Wörter und Handzeichen gleich genutzt werden, statt nur eines von beiden (Scandurra et al., 2017).

Die Körpersprache und Zeigegesten haben dabei das größte Gewicht (Scandurra et al., 2017).

Hunde verstehen Wörter, Betonungen, Stimmlage und haben ein Sprachzentrum (Bloom, 2004; Kaninski 2004; Pilley 2011, Ratchifte 2004).

Die soziale Interaktion des Menschen hat einen größeren Stellenwert, wenn es um Vertrauensaufbau geht (Bhattacharjee, 2017).

Das soziale Lob löst mindestens die gleichen positiven Emotionen aus wie ein Leckerli, in vielen Fällen schlägt es sogar die Leckerligabe (Cook, 2016).

Hunde bevorzugen die soziale Kommunikation zusammen mit Futter, als das Futter allein (Bollo et al., 2021).

Eine gute Beziehung und passende Kommunikation fördert das Vertrauen deines Hundes in neue Lernsituationen und gestaltet das Lernen einfacher und effektiver.

1

2

1 Auf jedem einzelnen Spaziergang finden Lernprozesse statt. Was kommt gut an, wie erreiche ich die Aufmerksamkeit meines Menschen, mit welcher Strategie bekomme ich, was ich möchte und was war keine gute Idee.

2 Was muss ich machen, damit ich das Leckerli bekomme?

Die Überschrift eines Resilienztrainings ist: Weniger Vorgaben, mehr Eigeninitiative.

Auf der nächsten Seite findest du einen kurzen Überblick der Lernformen und Verstärker, wenn du es etwas genauer wissen möchtest.
Bei einem Training an der Resilienz deines Hundes stehen die operante Konditionierung, das soziale Lernen und Nachahmungslernen sowie die Habituation, im Vordergrund. Das bedeutet übersetzt, dass wir Ideen fördern und verstärken, die vom Hund aus kommen und uns dabei mit unserer Stimmung und unserer Persönlichkeit einbringen. Ob du gerne mit Leckerlis arbeitest oder dich lieber selbst einbringst, bleibt dir überlassen. Ich persönlich bevorzuge immer die soziale Variante: Ich bringe mich positiv ein, verstärke mit meiner echten Freude das gewünschte Verhalten meines Hundes und das Leckerli ist dann ab und zu die Kirsche auf der Sahne. Genauso bringe ich mich, wenn ich ein Verhalten nicht möchte, mit einer sehr deutlichen und ernst gemeinten Haltung ein. Je authentischer ich bin, desto klarer verständlich ist es für meinen Hund. Wir Menschen leben in einer Art Vorbildfunktion für unsere Hunde, so kommen auch wir nicht herum, an unseren Themen zu arbeiten, um fair und passend zu reagieren oder zu agieren.
Bei einigen Trainingseinheiten in diesem Buch, wie beispielsweise dem „Inseltraining“, arbeiten wir zusätzlich über ein Biofeedback. Das gehört zu der operanten Konditionierung, ist aber ganz einfach erklärt und sehr effektiv. Es bedeutet, dass dein Hund ein Ausdrucksverhalten zeigt (hier braucht es wieder dein gutes Auge), und in diesem Moment gibt es von dir das passende Feedback in Form eines Wortes, einer bestimmten Berührung oder auch in Form eines Geruchs. So kann später nur anhand des Wortes, der Berührung oder des Geruchs ein innerer Zustand gefördert bzw. ein Bewusstsein für diesen Zustand geschaffen werden.
Der Weg ist dabei individuell und braucht eine gute Wahrnehmung seitens des Menschen.
Bei dem Resilienzfaktor „Rahmenbedingungen, Rollen- und Aufgabenklarheit“ hingegen wirst du dich eher aktiv mit Vorgaben einbringen müssen, wenn dein Hund beispielsweise eine andere Motivation hat als gewünscht (zum Beispiel beim Jagen oder dem Verteidigen des Territoriums).

EXKURS: LERNTHEORIE

VERKNÜPFUNGSLERNEN
(Assoziatives Lernen)

Ein Reiz und eine Reaktion werden miteinander verknüpft. Dazu gehört:

Die Klassische Konditionierung

Durch ein Reiz wird ein Reflex ausgelöst und miteinander verknüpft. Ursprung war der „Pawlosche Hund": Das Hinstellen von Fressbarem löst einen Speichelfluss aus. Wenn dabei immer eine Glocke ertönt, braucht es später nur noch die Glocke (und nicht das Fressbare), um den Speichelfluss auszulösen. Funktioniert auch hervorragend bei Kindern, wenn sie die Glocke des Eiswagens hören, der in die Straße einbiegt.

Die Operante Konditionierung

Dein Hund zeigt ein Verhalten oder eine Reaktion, die dir gefällt. Dieses Verhalten wird dann verstärkt, durch etwas was dein Hund als positiv empfindet. Gefällt dir das Verhalten nicht, kann es auch verringert werden durch etwas, was der Hund als negativ empfindet. Es gibt ebenfalls noch die Möglichkeit, ein gewünschtes Verhalten zu verstärken, indem du das Tier beispielsweise unangenehm fest am Baum festbindest, wenn er sich unerwünscht verhält. Sobald er sich dann so verhält, wie du es dir vorstellst, löst du die Leine wieder (du würdest hier über negative Verstärkung arbeiten). Oder du kannst ein unerwünschtes Verhalten verringern, indem du eine erwartete Belohnung, zum Beispiel das Leckerli, wieder wegnimmst (das nennt sich dann negative Strafe).

LERNEN DURCH NACHAHMUNG
(am Modell)

Das ist ein aktiver Lernprozess, in dem dein Hund ein Vorbild beobachtet. Je mehr Bezug er zu dem Lebewesen hat, was er beobachtet, desto eher ahmt er nach. 4 Phasen werden dabei durchlaufen:

1. Aufmerksamkeit: Dein Hund schaut dich interessiert an.
2. Behalten: Dein Hund merkt sich das Gelernte.
3. Handlung: Dein Hund führt das Gelernte aus.
4. Motivation: Dein Hund sieht bei dir und dann bei sich einen Erfolg, das Gelernte ausgeführt zu haben.

„Do as I do" ist die Bezeichnung der Anwendung im Training.

NICHT-ASSOZIATIVES LERNEN

Eine Reaktion wird durch die Art des Auftretens des Reizes beeinflusst. Es erfolgt keine direkte Verknüpfung mit dem Reiz. Dazu gehört auch die Habituation und Sensitivierung.

HABITUATION

Dein Hund gewöhnt sich an etwas, beispielsweise an laute, immer vorhandene Geräusche. Seine Reaktion darauf schwächt sich immer mehr ab.

SENSITIVIERUNG

Dein Hund reagiert jedes Mal stärker auf den Reiz, obwohl dieser von der Intensität gleich bleibt. Das wurde mit leichten Stromschlägen an einer Katze im Labor nachgestellt. Obwohl der Stromreiz gleich blieb, reagierte die Katze immer stärker darauf.

VERSTÄRKER

Das sind Reize, die Bedürfnisse befriedigen. Das Leckerli als Belohnung kennst du bestimmt schon, doch es gibt noch wesentlich mehr Reize, die ein erwünschtes Verhalten verstärken können. Welches Bedürfnis hat dein Hund gerade, und welches Verhalten möchtest du dann damit verstärken? Zum Beispiel: Dein Hund sieht einen Hasen und möchte ihn jagen, er orientiert sich dann aber an dir und schaut dich an. Dieses gewünschte Verhalten der Orientierung kannst du mit dem, was er gerade vorhatte, in dem Fall mit einer kleinen (kontrollierten) Jagdsequenz verstärken. Du würdest also bedürfnisorientiert belohnen.
Eine wichtige Unterscheidung in dem Bereich sind zwei ähnlich klingende Wörter: Bedarf und Bedürfnis.
Ein **Bedarf** stellt eine körperliche oder psychische Notwendigkeit dar, beispielsweise hat ein kleiner Welpe einen Bedarf an Nahrungsaufnahme. Wenn derselbenicht gestillt wird, hat es ernsthafte Auswirkungen auf den Welpen. Ein **Bedürfnis** hingegen ist eine Art Wunsch. Erfüllt man diesen nicht, hat es keine solch negativen Auswirkungen wie die fehlende Bedarfsdeckung. Als Verstärker arbeiten wir mit den Bedürfnissen. Wenn mit einem Bedarf gearbeitet wird, greifen die Lernprozesse zwar tiefer, weil es um eine Notwendigkeit geht, doch kann das auch einen erhöhten Stresslevel bedeuten. Zum Beispiel, wenn ein Hund seinen Bedarf an Nahrung zum Überleben ausschließlich gegen Arbeit erhält. Dieses so positiv klingende Training ist objektiv betrachtet ein solches mit dem Starkzwangmittel „Hunger".

Hier wird der Bedarf gedeckt und nicht nur das Bedürfnis.

Einer der prägendsten Lernprozesse ist das „Rivalentraining". Wenn der andere Hund die Freude und Aufmerksamkeit für eine erfüllte Aufgabe erhält, hebt es die Motivation des zuschauenden Hundes und zeitgleich erfolgt ein Lerneffekt durch das Nachahmungslernen.

DIE REISE UND IHRE EINZELNEN STATIONEN

Als wohlerzogen gelten manchmal ausgeführte Tricks, obwohl sie keine Aussage über die Beziehung, Erziehung oder die Resilienz treffen.

Wichtige Faktoren der Resilienz

Welche davon können beim Hund gut gefördert werden? In der Stress- und Resilienzforschung beim Menschen findest du ca. 40 Oberbegriffe, unter denen die Themen zur Beschreibung der Resilienz zusammengefasst werden.

Loukanikos, die vierbeinige Ikone des Protests.

Es ist kultur- und gesellschaftsabhängig, welche Resilienzfaktoren für das Lebewesen wirken.
Steht beispielsweise in China die Anpassungsfähigkeit im Vordergrund, um ein integriertes Leben in der Gesellschaft führen zu können, steht in Griechenland eher der Resilienzfaktor „Subversion", also der Kampf gegen empfundene Ungerechtigkeiten, im Vordergrund. Die Griechen sehen es als kulturelle Tradition, im Athener Stadtzentrum beinahe täglich zu demonstrieren. Die Demos zeigen den sozialen Zusammenhalt: gemeinsam öffentlich für eine Sache für sich und für die Gesellschaft einzustehen. Dadurch hat sogar ein Straßenhund eine große Akzeptanz und Annahme der Bevölkerung erhalten. Loukanikos wurde er genannt und lief stets ganz vorn mit den Demonstranten mit. Er verbellte die Polizisten und ließ sich selbst vom eingesetzten Tränengas nie abhalten. Von den Aufständigen wurde er gefüttert und bekam viel Zuspruch. Die „Subversion" lohnte sich für ihn.
So unterschiedlich wie die Resilienz der einzelnen Kulturen ist sie auch bei unseren Familienhunden zu betrachten. Denn es geht bei der Resilienz nicht nur um die innere Stärke, sondern ebenfalls als soziales Lebewesen in der Gesellschaft angenommen zu werden. Je anpassungsfähiger der Hund ist, desto schneller findet er Akzeptanz und Anschluss, was letztendlich seinen Fortbestand sichert. Ein gutes Beispiel sind die Langzeitinsassen in unseren Tierheimen. Oftmals zeigen sie ein nicht angepasstes oder von der Gesellschaft unerwünschtes Verhalten und haben damit kaum Chancen einer Vermittlung.

HUNDELEBEN IN DEUTSCHLAND

In Deutschland sind die Rahmenbedingungen auch für die Hunde anders. Auf der einen Seite erhält der Vierbeiner mehr Sicherheit, auf der anderen Seite weniger Eigenständigkeit und mehr Dressur. Wenn wir also über die Resilienzfaktoren sprechen, sollten wir in dem Wissen sein, dass hier in Deutschland ein anderes Leben stattfindet als in anderen Ländern. Die Sicht der Gesellschaft auf den Hund stellt hier eine „deutsche Sicht“ dar. Ich möchte jetzt nicht definieren, ob sie schlechter oder besser ist. Doch eindeutig besteht in Deutschland allein durch die Enge und Nähe eine viel größere Abhängigkeit zum Menschen als in anderen Ländern, wo der Hund eher vorsichtig unterwegs sein muss, aber wesentlich selbstbestimmter und eigenständiger leben darf. Natürliche Bedürfnisse und Verhaltensweisen haben es schwer in Deutschland. Die Resilienzbrille

hilft dir, den passenden Überblick zu behalten.
Auch wenn es anfangs etwas holprig ist, du wirst merken, wie das Aufsetzen der Resilienzbrille deinen Alltag verändert. Das darf auch so sein, denn eine Arbeit an der Resilienz kann nur nachhaltig sein, wenn sie „gelebt wird" und nicht eine Aneinanderreihung von Trainingseinheiten ist. Die Resilienzfaktoren beeinflussen sich untereinander, die Übergänge sind oft fließend.

Durch die Resilienzbrille lassen sich die Hunde individuell betrachten. So wird jeder Hund mit seinen Bedürfnissen passend wahrgenommen.

Schaue dir an, welche Faktoren besonders wichtig für euch sind. Daraus kannst du dir einen Trainingsplan erstellen.

DIE RESILIENZFAKTOREN FÜR DEN HUND IN KURZFORM

Selbstwirksamkeit

Dein Hund hat das Gefühl, Lenker seiner Welt zu sein, nicht das Opfer seiner Umgebung. Er hat das Gefühl handeln zu können und damit Situationen zu beeinflussen.

Regulationsfähigkeit

Dein Hund kann sich selbst regulieren. Er findet zur Ruhe, um zu regenerieren. Er hat Lösungen zum Stressabbau und kann Stresszustände bei sich wahrnehmen und bis zu einem gewissen Grad aushalten.

Optimistische Bewertung

Dein Hund bewertet neue Situationen entweder neutral oder positiv.

Ideenreichtum

Dein Hund hat viele unterschiedliche Ideen, dadurch sind mehr Strategien im Stress verfügbar. Das gibt Sicherheit und Gelassenheit.

Anpassungsfähigkeit

Dein Hund kann sich den Begebenheiten anpassen. Die Vorgaben machst du, die Gesellschaft und Kultur, in der ihr lebt.

Sicheres Auffangnetz, soziale Bindung

Dein Hund weiß um die Verfügbarkeit von dir, wenn er Hilfe benötigt.

1. Station:

Selbstwirksamkeit, Kontrollüberzeugung, Handlungsfähigkeit

BRUNO UND DIE SELBSTWIRKSAMKEIT

In einem großen Tierheim in Spanien befand sich Bruno eine ganze Zeit lang mit vielen anderen Hunden. Er hatte dort kein schönes Leben. Eigentlich ist er dem Menschen sehr zugetan, das liegt in seinen Genen – er ist ein blonder Labradormischling. Doch im Tierheim hatte er nur wenige Chancen, sich einem Menschen anzuschließen. Mit den Hunden kam er hingegen gut aus. Ab und zu spielten Kinder und Jugendliche in einem der großen Gehege, aber sie spielten kein schönes Spiel. Sie saßen auf Fahrrädern, hatten Stöcke in der Hand und fuhren durch das Gehege. Sie jagten die Hunde. Wie oft das passiert ist, wissen wir nicht, wir haben es anhand eines Videos gesehen. Bruno wurde adoptiert und kam nach Deutschland. Sein Besitzer Levi war sofort sehr angetan von ihm. Es baute sich relativ schnell ein Vertrauen zwischen den beiden auf. Hier durfte Brunos liebenswerte und anhängliche Art wirken und fand viel Zuspruch. Doch das Misstrauen in die Umwelt blieb. Vor allem, wenn Fahrräder und noch schlimmer Fahrräder mit Kindern entgegenkamen. Auch bei fremden Menschen blieb er misstrauisch, wobei der innere Kampf des Kontaktwunsches stets zu sehen war. Er schlich sich immer wieder in einer unterwürfigen Haltung von hinten an den Menschen. Kurz vor dem näheren Kontakt zog er sich dann doch wieder zurück, die Hürde war zu groß. Hunde mochte er hingegen sehr, hier zeigte er frei und losgelöst sein Inneres: ein einfach lieber und netter Hund, der keinen Streit möchte, sondern spielen und kommunizieren mag.

Sobald Bruno einen Fahrradfahrer sah und eine Gefahr vermutete, war kein Zugang mehr möglich. Er machte dicht und handelte dabei kopflos. Panikartiges Flüchten, Einfrieren oder Aufgeben waren die Handlungen. Der Spaziergang und die Motivation waren abrupt zu Ende. Er steigerte sich dabei in ein Angstverhalten hinein, aus dem er selbstständig nicht mehr herauskam. Die Stellen, wo Bruno einen solchen Zustand erlebte, waren ab da negativ belegt. Er mied sie bereits auf Entfernung. Die Runden wurden immer kleiner und klappten dann nur noch auf einem einzigen, sehr einsamen Weg, der noch nicht negativ belegt war. Sein Besitzer Levi wusste nicht mehr weiter.

Das Trümmersuchfeld kann je nach Schwierigkeitsgrad aufgebaut werden. Der Hund braucht viele Ideen, dazu eine Portion Selbstwirksamkeitsüberzeugung. Der Mensch steht nur am Rand und bestätigt durch stimmliches Lob den Mut und die Eigenständigkeit.

Was denkst du über diesen Fall? Liegt hier ein Trauma vor?

Auf jeden Fall. Alles, was wir am Anfang des Buches besprochen haben, findet hier statt. Bruno hat keine Möglichkeit der Regulation und die Angst generalisierte sich. Sie wurde immer schlimmer statt besser.

Oftmals besteht jetzt die Trainingsidee, direkt an der angstauslösenden Situation, mit dem Hund zu arbeiten. Doch bei Bruno fehlte jegliche Basis: Er hatte keine Idee, auf Fähigkeiten und Kompetenzen zurückzugreifen, um sich selbst zu regulieren. Er sah sich selber als Opfer, ohne Möglichkeiten, einen Einfluss auf die Situation zu haben. So beschlossen Levi und ich erst einmal an dem Fundament zu arbeiten. Zum Glück ist Bruno ein Labradortyp, der in sicherer Umgebung und mit seinem Menschen für gute Stimmung und Leckerlis zu haben ist. Das bot einen guten Einstieg.

Wir fingen mit einem sehr kleinschrittigen Selbstwirksamkeitstraining an. Bruno sollte Leckerlis aus einem Trümmerfeld holen. Tatsächlich erwies sich das kleinschrittige Vorgehen als sinnvoll, denn bereits mit dieser kleinen Aufgabe hatte Bruno

Halstuch als Ritual – der Hund verbindet es mit dem Training.

Probleme. Levi war mit Feuereifer dabei und freute sich sehr authentisch über jeden kleinen Fortschritt von Bruno.
Das Trümmerfeld wurde in seiner Komfortzone Zuhause immer umfangreicher und Bruno immer mutiger. So musste er Aufgaben im Trümmerfeld lösen, etwas wegschieben, mit der Pfote öffnen und auch wenn etwas umfiel, sich wieder hintrauen, um weiterzumachen. Bald schon ging es raus vor die Tür. Im Garten klappte es durch das ritualisierte Vorgehen immer besser. Bruno bekam ein Halstuch vor der Sucharbeit umgelegt, auf dem das Wort „Held" stand, eine süße Idee der Mutter von Levi. Dieses „Mut-Halstuch" verband Bruno fortan mit dem Training.
Der nächste Schritt wurde unternommen: Das Trümmerfeld, welches jetzt bereits für Sicherheit und eigene Ideen stand, wurde in der Nähe der Spazierwege aufgebaut, wo bisher die Konflikte bestanden. An diesem Punkt nahmen wir noch weitere Hunde zum Training dazu. Da Bruno Hunde sehr mag, konnte hier die Motivation weiter erhöht werden. Dazu wurde mit einem Hund die Übung angefangen, der von Brunos Besitzer Levi beim Suchen überschwänglich gelobt wurde. Dann war Bruno dran, der sich jetzt noch mutiger zeigte und auch gefallen wollte. Ein klassischer Aufbau für das Rivalentraining und damit einhergehend tiefe Lernprozesse. Ein weiterer Pluspunkt war das Verhalten der anderen Hunde. Wir haben extra sehr stabile und in sich ruhende Hunde ausgesucht, die mit allen auftauchenden Reizen gut umgingen. Das Nachahmungslernen zeigte hier seine Wirkung.
Obwohl wir bis dahin noch nicht direkt am Konflikt geübt hatten, wurde der Umgang mit Konflikten besser. Der Alltag ließ kein völlig reizarmes Training zu, und das war gut so, denn ab und zu fuhr ein Fahrradfahrer an dem Trümmerfeld vorbei. Bruno zeigte im Laufe des Trainings immer weniger Stresssignale und fand sich lieber bei der Sucharbeit ein. Ein Fahrrad wurde ein Bestandteil des Trümmerfeldes, sodass Bruno dieses negativ besetzte Objekt noch einmal mit anderen Sinnen wahrnehmen konnte. Im Rahmen der Selbstwirksamkeit war das Fundament nun gelegt.
Ein Targettraining bot die nächste Stufe der Arbeit am Konflikt und der Selbstwirksamkeit. So diente ein auf dem Boden liegendes Handtuch als Target (Ziel). Immer wenn Bruno auf dem Target stand und dort kurz blieb, gab es tolle Leckerlis von Levi.

Die belebte Umwelt wird von jedem Hund anders wahrgenommen, je nach eigenen Erfahrungen manchmal auch als Gefahr.

Ein Fahrrad näherte sich dem Target, doch sobald Bruno vom Handtuch ging, blieb es stehen. Fand er sich bei dem Target wieder ein, gab es viele Leckerlis, und das Fahrrad setzt sich sehr langsam wieder in Bewegung. So durfte Bruno mitentscheiden, wie nah das Fahrrad kommt und erfuhr eine neue Sicht auf den Stressor. Er ist nun kein Opfer mehr, sondern ein Lenker der Situationen.

Was meinst du, hat uns das Training erleichtert?

Aus meiner Sicht waren es resiliente Eigenschaften, die Bruno in seiner Persönlichkeit trägt. Außerdem wurde das Training durch den sehr positiv eingestellten Besitzer unterstützt. In dieser Kombination konnten wir recht schnell Erfolge sehen. Andere Hunde konnten hier optimal unterstützen.

Ich schaffe das! Von seinen Fähigkeiten überzeugt zu sein, hilft enorm.

Was für die einen die leichteste Übung ist, kostet anderen viel Überwindung.

DAS THEMA DER SELBSTWIRKSAMKEIT

Fühlt sich dein Hund als Opfer einer Situation, erzeugt das ein Gefühl von Hilf- und Machtlosigkeit. Hält dieses Gefühl länger an oder wird als prägend erlebt, sinkt das Vertrauen in die eigenen Fähigkeiten auch in anderen Situationen, etwas bewirken zu können. Fühlt sich dein Hund stattdessen als Lenker einer Situation oder sieht, dass er in bestimmten Bereichen einen Einfluss darauf hat, eine Veränderung herbeizuführen, entspannt sich sein Stresssystem. Je öfter dieses Gefühl der Selbstwirksamkeit erlebt wird, desto mehr baut es sich im Gehirn aus. Nach einiger Zeit steht es dann fest im Gedächtnis geschrieben: die Möglichkeiten, Situationen oder eigene Empfindungen verändern zu können. Das wird ein anderes Weltbild ergeben, denn ab diesem Zeitpunkt setzt das Gefühl der Selbstwirksamkeit ein und wirkt so in allen alltäglichen Situationen, selbst dann, wenn dein Hund doch mal ein Geschehnis aushalten muss.

Zwei Wörter sind in diesem Bereich entscheidend:

– ICH kann (Kontrollüberzeugung): Dein Hund glaubt daran, dass er Situationen beeinflussen kann. Das setzt Kompetenzen wie ein gutes Selbstbewusstsein und eine Selbstsicherheit voraus. Diese können in der Persönlichkeit bereits verankert sein oder auch durch viele positive Erfahrungen in den sensiblen Phasen erlernt werden.

– ich KANN (Handlungskontrolle und Handlungsfähigkeit): Dein Hund sieht in sich die Fähigkeit, Situationen verändern zu können. Beispielsweise durfte er in der Hundekommunikation lernen, dass er durch unterschiedliche Verhaltensweisen seine Bedürfnisse durchsetzen oder durch beschwichtigende Signale eine Situation deeskalieren konnte. Das macht handlungsfähig.

Wenn dein Hund in diesem Bereich noch wachsen darf, dann sollte ab jetzt alles, was er eigenständig löst, bereits auf dem Weg dahin verstärkt werden. Deine Stimmung, Stimme und dein Lob begleiten den Hund dorthin. Auch Leckerlis und Spielzeug können verstärkend wirken, doch rate ich in vielen Fällen davon ab. Denn ist dein Hund gerade auf dem Weg, etwas eigenständig zu lösen, und er dreht sich zu dir um, weil er was richtig Tolles erwartet, ist er von der Eigenständigkeit abgekommen. Besser wäre es vor allem am Anfang, ihn dorthin so zu begleiten, dass er deine Signale als Verstärker seiner Eigenständigkeit wahrnimmt. Später können Leckerlis und Spielzeuge auch als sekundäre Verstärker genommen werden. Das erfordert einen eigenen Aufbau. Für den Anfang ist deine Unterstützung wertvoll genug (oder kann es werden), vor allem im Hinblick auf den großen

Einflussfaktor „Mensch“ ist es eine gute Möglichkeit, etwas feiner für deine eigenen gesendeten Kommunikationssignale zu werden.
Dazu ist der Aufbau eines „Mach' so weiter“-Signals eine gute Option.

KLEINSCHRITTIGER AUFBAU DES „KEEP-GOING“-SIGNALS

Mit diesem Signal sagst du deinem Hund, dass er mit dem, was er gerade tut, weitermachen soll. Das Keep-Going-Signal im Resilienzbereich wird nicht für die erzieherischen Themen genutzt, sondern dient nur dazu, um die eigene (intrinsische) Motivation des Hundes zu verstärken, etwas alleine zu lösen.

Stufe 1

Überlege dir ein Wort, das du ab jetzt als „Keep-Going“-Signal benutzt. Es eignen sich weiche Wörter, die etwas in die Länge gezogen werden können. „Weiter“ wäre solch eine Möglichkeit. Dieses Wort wirkt dann über die Stimmung in deiner Stimme. Probiere es gern einmal aus und spreche das gewählte Wort in unterschiedlichen Stimmlagen aus: ruhig, leicht motivierend oder fröhlich vorgetragen. Du wirst erkennen, dass automatisch deine Mimik mitmacht. Das ist ganz wunderbar für ein authentisches Auftreten.
Hat dein Hund die Aufgabe mit deiner Unterstützung gelöst, kannst du ein Auflösewort einsetzen, wenn du möchtest (z. B. ein kurzes „Prima“ oder

1

2

3

1 Lege auf ein Blatt Papier oder Pappe ein Leckerli.

2 Nun lege das Blatt 2–5 m von deinem Hund weg.

Gehe zu ihm und lasse ihn von der Leine.

3 Macht sich dein Hund auf den Weg zum Leckerli, wiederhole immer wieder dein Keep-Going-Signal.

Die Natur nutzen: das Keep-Going-Signal beim Leckerlibaum

Das Suchfeld wird immer passend zum Hund gestaltet.

„Jawoll“). Das muss aber nicht sein, wenn am Ende der Übung selbstbelohnend das Leckerli auf deinen Hund wartet. Je natürlicher, echter und authentischer deine Freude ist, desto klarer verständlich kommunizierst du mit deinem Hund.

Wichtige Merkmale des Aufbaus:

– Bitte benutze im Training klare Start- und Endsignale. So wirkst du einem ständig nachfragenden Hund entgegen. Manche Hunde neigen dazu, übereifrig zu werden.

– Dein Hund darf dabei zusehen, wie du die Übung vorbereitest. So baust du bereits die Neugierde und die Motivation zur Erkundung auf. Am besten bindest du ihn dazu an oder jemand hält ihn fest. Hier wird mit Absicht kein Kommando wie Sitz oder Bleib gegeben, weil wir die intrinsische Motivation des Hundes fördern wollen, zu dem Leckerli zu gelangen. Er darf also auch an der Leine ziehen, um seinen Wunsch zu zeigen. Da es bei dieser Art des Trainings nicht, um die Erziehung geht, sondern um die Selbstwirksamkeit, ist dieses Vorgehen ein guter Weg.

– Achte darauf, dass du nicht an der Leine ruckst. Bei sensiblen Hunden führt es schnell dazu, nicht mehr eigenständig nach vorne zu gehen. Sie nehmen das als Maßregelung auf.

– Achte dabei auf eine fröhliche und motivierende Stimmlage, die den Hund begleitet, sich jedoch nicht zu sehr in den Vordergrund drängt, dass der Hund sich zu dir umdreht. Das kann dir passieren, wenn du die Stimme zu überschwänglich oder laut einsetzt. Wenn dein Hund sich zu dir umdreht, werde von deiner Haltung neutral und abwartend. Fange erst wieder an mit der sozialen Unterstützung, wenn er sich erneut eigenständig zeigt.

Hat das ohne Probleme geklappt? Dann verändere die Übung etwas. Jetzt geht es um Abstandsvergrößerung. Lege beim nächsten Durchgang das Blatt mit den Leckerlis weiter weg. So wandert Schritt für Schritt das Blatt immer weiter vom Hund weg, gern auch in einen anderen Raum. Du kannst dein neues Signal dabei etablieren und festigen.

Jetzt muss dein Hund sich überlegen, wie er die Situation löst.

Eine neue Herausforderung wird gemeistert!

Stufe 2

Wenn Stufe 1 gut klappt und dein Hund bereits freudig auf dein Signal reagiert, kannst du jetzt die ersten Hürden einbauen.
Schiebe das Blatt mit dem Leckerli unter einen Schrank. ⅔ des Blattes sollte dabei noch herausschauen.
Deine Aufgabe ist es, jede Idee und Eigenständigkeit zu loben und mit dem Keep-Going-Signal deinen Hund zu ermutigen. Ansonsten bist du neutral und überlässt ihm das Feld, wenn er sich dem Blatt zuwendet.
Klappt es nicht, dann ist diese Übung noch zu schwer, und das Blatt muss noch weiter herausschauen. Taste dich mit Fingerspitzengefühl an die Situation heran.

Stufe 3

Klappt Stufe 2 ohne Probleme, dürfen die Herausforderungen mehr werden. Du kannst Leckerlis in einem Trümmerfeld verstecken. Dieses Suchfeld besteht aus verschiedenen „Trümmern", das sind Gegenstände wie Eimer, Kissen, Kisten, Pappkartons, Gießkannen, Stühle etc. Diese liegen untereinander, nebeneinander und übereinander. Dadurch kann es passieren, dass etwas umfällt und Geräusche macht. Das ist durchaus erwünscht, denn hier kann dein Hund dann einen Umgang mit den kleinen Stressoren finden. Bitte wähle die Schwierigkeit des Suchfeldes passend zu deinem Hund. Es soll eine kleine Herausforderung sein, weder zu schwer bzw. zu einfach.

Zu viel Hilfe fördert eher die Unselbstständigkeit und erzeugt eine größere Abhängigkeit.

So ist es für das eigenständige und selbstwirksame Handeln besser, der Mensch wirkt im Hintergrund.

Weitere Ideen:

– Einen flachen Plastikbecher verkehrt herum über ein Spieltau legen und unter einem Schrank oder Sofa verstecken. Nur das Ende des Taus schaut noch raus.

– Die Arbeit mit einem Futterbeutel kann hier gut integriert werden. Das ist eine Art Etui mit Reißverschluss, in dem mehrere Leckerlis liegen. Dieser Beutel wird dann zu dir getragen (apportiert) und du kannst deinen Hund daraus füttern. Hier steht dann am Ende der eigenständigen Suche noch die Kooperation. Das ist eine Abwandlung der Übung nach Bedarf.

– Die Leckerlis, das Spielzeug oder den Futterbeutel etwas höherlegen. So kannst du auch noch körperliche Wahrnehmungsübungen mit einfließen lassen. Dein Hund muss sich dann strecken oder auf etwas springen, um es zu bekommen.

– Leckerlis in ein großes Handtuch legen und dieses entweder zusammenrollen oder grob falten. Dein Hund darf das Auspacken dann übernehmen.

– Suchkisten mit Klopapierrollen, Korken, Quietschetieren oder Tannenzapfen etc. ausstatten. Hier können unterschiedliche Untergründe die körperliche Wahrnehmung ebenfalls stärken und als kleine Konflikte mitwirken.

– Wacklige Untergründe in die Suche mit einbauen. Das kann ein kleines Trampolin, Balancekissen aus der Physiotherapie sein oder ein Wackelbrett.

– Eine Tunnellandschaft mit Kartons oder sogenannten Welpentunnel bauen. Für manche Hunde ist das eine größere Herausforderung.

Mögliche Stolpersteine beim Aufbau:

Deinen Hund loben und unterstützen, wenn er zu dir schaut

Das wäre zwar eine tolle Übung zur Kooperation mit dir, doch ist sie leider kontraproduktiv für den Ausbau der Selbstwirksamkeit.

Deine Signale, die du deinem Hund sendest, sind noch nicht passend auf die Situation abgestimmt

Mal braucht es mehr Freude zur Unterstützung, damit dein Hund sich etwas traut, oder es braucht ein souveränes Auftreten, um deinen Hund zu signalisieren, dass die Unternehmung in Sicherheit stattfindet. Manchmal braucht es auch mehr Ruhe in der Stimme, weil die Situation doch zu aufregend ist. Dieses „feiner werden" für die passende Kommunikation ist oft ein längerer Prozess. Lass dir Zeit dafür, du wirst staunen, wie dein vierbeinige Freund auf kleinste Veränderungen von dir reagiert.

Ein zu starkes körpersprachliches Einbringen

Häufig gehen wir auch mental mit den Hunden mit, gönnen ihnen den Erfolg und wollen helfen, wenn sie nicht weiterkommen. Das drückt sich dann in unserer Körpersprache aus. So kann es sein, dass du dich nach vorne zum Hund oder in das Suchfeld reinlehnst, um ihn zu unterstützen. Um seine echte Eigenständigkeit zu fördern, musst du dich allerdings mental und körperlich bewusst rausnehmen. Überlasse also gedanklich das Feld ihm und unterstütze wirklich nur von außen das selbstständige Handeln. Wenn dein Hund einmal gar keine Ideen hat, darfst du natürlich kurz helfen, doch die Übungen sollten in dem Bereich so gestaltet sein, dass er viele Erfolge in der Eigenständigkeit verbuchen kann.

Übertragung des Trainings in den Alltag

Da dein Hund nicht nur zu Hause oder in seiner Komfortzone wachsen soll, ist es wichtig, die Selbstwirksamkeit, Handlungsfähigkeit und Kontrollüberzeugung im Alltag zu stärken.

Oft hilft der Mensch dem Hund bei einer Lösungsfindung. Doch gerade in solch alltäglichen Situationen darf gern auch mal abgewartet werden, welche Ideen der Vierbeiner hat, um diese dann zu verstärken.

Wenn sich dein Keep-Going-Signal gefestigt hat, wende es auf jeden Fall auch draußen an. Hier kann dein Hund die Umwelt noch mal ganz anders erfahren und sie positiv und selbstwirksam erleben. Du kannst einige Trümmergegenstände mit rausnehmen oder die Möglichkeiten der Natur und Umwelt nutzen – eine Parkbank, umgefallene Bäume oder einen Sperrmüllhaufen vom Nachbarn.

Ein großer Schritt in die richtige Richtung liegt vor, wenn dein Hund sich traut, etwas von allein zu untersuchen und es keine gestellte Situation ist. Beispielsweise zeigt er Neugierde an dem sonst so gruseligen gelben Sack, der plötzlich auf dem Weg liegt. Du kannst ihn dann in seinem Handeln und Tun genauso unterstützen, wie du es durch die Übungen bereits gemacht hast. Das wäre dann eine wunderbare Förderung der eigenen Erkundungsmotivation und Problemlösestrategie deines Hundes.

Fallen dir vielleicht noch weitere Situationen ein, die dein Hund draußen alleine lösen kann? Schreibe sie gerne auf, so machst du dir die Möglichkeiten noch einmal bewusst.

Mir fällt dazu eine Situation ein, die du sicher auch kennst. Du möchtest beim Spazierengehen auf einem Weg weiter geradeaus gehen, aber dein angeleinter Hund geht um eine Laterne oder einen Baum herum. Nun steht er auf deiner Höhe und schaut dich an. Weiter kann er nicht, da die Leine um die Laterne oder den Baum gewickelt ist. Wenn dein Hund bereits erste Ideen der Handlungsfähigkeit und Kontrollüberzeugung hat, kannst du ihm jetzt ganz entspannt die

Hier lernt ein junger Hund die höfliche Annäherung an einen Althund.

Lösung des Problems überlassen. Dein Keep-Going-Signal unterstützt ihn gegebenenfalls bei den ersten Anzeichen zur Lösung. Hat dein Hund es geschafft, sich selbst zu befreien, sodass er mit dir weitergehen kann, freue dich richtig! Denn hier stand er vor einer nicht gestellten Situation und hatte eine eigene Idee, wie er sie lösen kann.

Vierbeinige Unterstützung

Sehr gute Unterstützer und Lehrmeister für die Selbstwirksamkeit, Kontrollüberzeugung und Handlungsfähigkeit sind andere Hunde. Sie sprechen die Sprache deines Hundes „dialektfrei". Bei uns Menschen gibt es in dem Bereich des Öfteren kommunikative Missverständnisse. In der Hundekommunikation mit passenden Hunden folgen direkte Antworten auf das Verhalten deines Hundes. Von einer Hundewiese mit völlig unkontrolliertem Hundekontakt würde ich an deiner Stelle absehen, wenn dein Hund in dem Resilienzbereich der Selbstwirksamkeit noch nicht gut aufgestellt ist. Er wird sonst überfordert sein. Vermeide am besten Kontakte, bei denen er überrannt und ständig gejagt wird, also augenscheinlich keine positiven Emotionen hat. Sie bewirken in diesem Bereich das Gegenteil von Selbstwirksamkeit und Handlungsfähigkeit. Ausgesuchte Kontakte hingegen mit einzelnen Hunden, die eine gute Sozialkompetenz aufweisen, sind wunderbar. Und wenn die Selbstwirksamkeit gesteigert ist, kann sich dein Hund auch bei anderen Kontakten besser durchsetzen und vielleicht sogar auf Augenhöhe streiten, denn auch das fördert mit einer bestimmten Basis die Selbstwirksamkeit.

Manch eine zarte Seele wäre mit der ungebremsten Bulldoggen-Energie überfordert, doch zwei mit der gleichen Einstellung passen wunderbar zusammen.

1

2

TARGETTRAINING & MEDICAL TRAINING ÜBER KOOPERATION

Hier handelt es sich um eine weitere sinnvolle Trainingsmöglichkeit zur Stärkung des Resilienzfaktors Selbstwirksamkeit. Beim Targettraining wird dem Hund beigebracht, einen Zielpunkt aufzusuchen.

Das kann ein Sitzkissen sein, das auf dem Boden liegt (Bodentarget) oder die Hand, in der der Hund vertrauensvoll seine Schnauze reinlegt (Kinn-Target). Er kann etwas mit den Pfoten berühren (Pfotentarget) oder einfach dem Menschen in die Augen schauen (Blickkontakt-Target). Auch der Maulkorb ist ein äußerst sinnvolles Target.

Im Sinne des Resilienztrainings steht dieses für sehr positive Emotionen. Hat der Hund gelernt, eine gewisse Dauer beim Target zu bleiben und die Position ruhig zu halten, erfolgt der nächste Schritt. Je nach Hund und Thema kommen dann über ein Signal Berührungen dazu – das Ohr anfassen, Pfoten anheben, ein fremder Mensch berührt den Hund etc. Sobald er das Target verlässt, hören die Manipulationen sofort auf. Allerdings erhält er dafür natürlich nicht die Belohnung, die er für das kurz Aushalten und Abwarten bekommen würde. Gegenstände und ihr Nutzen können ebenfalls verknüpft werden, wie beispielsweise die Krallenschere, der Ohrreiniger oder die Zahnbürste.

Dieses Mitspracherecht gibt gerade Hunden, die starke Ängste oder Unsicherheiten haben, einen ganz anderen Blick auf die Welt. Es ist dabei immer wieder äußerst erstaunlich wie die Hunde, trotz Mitspracherecht die Manipulationen oder Unannehmlichkeiten ertragen oder manchmal sogar mit positiven Emotionen belegen.

KURZ GEFASST: SELBSTWIRKSAMKEIT

Dein Hund darf Entscheidungen treffen, selbst wirken und durch dein vorher erstelltes Konzept geht es positiv für ihn aus.

Deine Funktion ist hier die Begleitung des Prozesses, du greifst nur im Notfall ein.

Gestalte die Aufgabenstellung am besten immer so, dass das Trainingsziel erreicht wird und dein Hund eigenständig etwas bewirken konnte.

Schritt für Schritt geht es in das Wachstum des selbstständigen Handelns und damit in die Selbstsicherheit und Kontrollüberzeugung. ICH KANN darf dein Hund gerne am Ende des Prozesses denken.

1 Das Bodentarget steht für positive Stimmung und Selbstbestimmung.

2 Der verhasste Ohrreiniger wird so ertragen …

3 … denn die Kooperation lohnt sich.

3

2. Station:

Positive Grunderwartungshaltung, Optimismus, Heldentum, Sinnhaftigkeit

LISSY UND DIE FREUDE AM LEBEN

Lissy ist ein sehr ruhiger Hund mit struppigem schwarzen Fell. Ursprünglich kommt sie aus Rumänien. Von dort wurde sie durch einen langen Transport nach Deutschland gebracht. Von Anfang zeigte sie sich hier eher verhalten und introvertiert. Ihre Besitzerin Anne ließ es langsam angehen, denn sie hatte das Gefühl, Lissy braucht viel Zeit, um anzukommen. Es dauerte tatsächlich lang, bis die Hündin auftaute und etwas Vertrauen in ihr neues Zuhause und den Menschen gewann. Sie geht anständig an der Leine, schläft viel und hat kaum Ansprüche an das Leben – ein scheinbar unkomplizierter Hund. Doch Anne meint, dass Lissy depressiv wirke, denn es gibt wirklich nichts, was in diesem Hund eine größere oder lang anhaltende Freude auslöst. Oft wird Anne von Spaziergängerinnen angesprochen, ob der Hund schon sehr alt sei, da er so langsam und teilnahmslos geht. Doch Lissy ist erst drei Jahre alt und weit davon entfernt, ein alter Hund zu sein. Ein Blutbild beim Tierarzt deckte eine Schilddrüsenunterfunktion auf. So bekommt die Hündin jetzt passende Medikamente. Doch so richtig veränderte Lissy sich nicht, wie Anne nach dem Befund eigentlich gehofft hatte. Mehr Leichtigkeit und Freude wünscht sie sich für Lissy und schaut dabei sorgenvoll zum Hund.

Umfeld-Check

So setzten wir die Resilienzbrille auf und nahmen dabei Lissy und ihr Umfeld unter die Lupe. Was hat sie für eine Persönlichkeit? Ist sie wirklich so ernster Natur oder ist ihre Fröhlichkeit nur unter einer dicken Schicht versteckt? Was macht für sie einen Sinn im Leben, wo können wir gegebenenfalls ihre Neugierde und Freude fördern?

Testreihe

Wir entwarfen eine kleine Testreihe in für Lissy sicherer Umgebung, um zu schauen, wie das Verhalten der Hündin ist. Über eine versteckte Kamera konnte ich alles ganz genau sehen und beeinflusste das Verhalten durch meine Anwesenheit nicht. Wir prüften, was Lissy macht, wenn Anne länger weg ist und wieder in den Raum kommt. Was die Hündin zeigt, wenn es Futter gibt und was sie macht, wenn dieses schwerer zu erreichen ist. Geht sie in die Kooperation mit den Menschen, versucht sie es allein zu lösen oder gibt sie trotz Hunger einfach auf? Außerdem wurde ein seltsam aussehendes Objekt in den Raum gestellt und geschaut, ob Lissy Neugierde und Erkundungsverhalten zeigt, wenn Anne den Raum wieder verlässt und wie das Verhalten ist, wenn sie wieder kommt und selbst ein freudiges Interessen an dem Objekt zeigt.

Es gibt ernste und verspielte Hundetypen, ob es persönlichkeits-, erfahrungs- oder krankheitsbedingt ist, sollte dabei geprüft werden.

Tatsächlich gibt es nach der kleinen Analyse einige positive Merkmale: Lissy freut sich, wenn Anne den Raum betritt, sie geht in die Kooperation, um an das Futter zu kommen und probiert es dann zaghaft alleine aus, wenn keine Hilfe kommt. Sie zeigt ohne ihren Menschen zwar weniger Eigeninitiative, doch mit Annes Anwesenheit und vor allem ihrer Freude kommt Lissy viel mehr aus sich heraus. Das waren gute Ansätze, denn sie zeigen, dass sie Ideen hat und eine gute Portion an Neugierde, es fehlt ihr lediglich an Selbstvertrauen, positiven Erfahrungen und an einer optimistischen Grunderwartungshaltung. Futter war ihr wichtig, sie setzt oft ihre Nase ein, um Fressbares zu finden und zu Anne zeigte sich insgesamt ein guter und vertrauensvoller Bezug.

Beschäftigungsideen

Mit diesem Ergebnis nahmen wir uns jetzt die Beschäftigungsmöglichkeiten vor, um zu schauen, wie wir Lissy fördern können. Wir möchten ihr viele positive Gefühle vermitteln, damit aus den zugewachsenen Pfaden im Gehirn breite Wege werden, wo der Optimismus ungehindert fließen darf. Außerdem ist Anne bei den Videoaufzeichnungen aufgefallen, dass sie Lissy sehr oft sorgenvoll anschaut und ihr nur wenig zutraut. Das soll auch eine Veränderung erfahren.
Die Entscheidung zur Beschäftigung fällt auf das Mantrailing in etwas abgewandelter Form. Es ist für den Anfang ein „Annetrailing“, denn Anne versteckt sich, und ich lasse mich von Lissy zu ihr führen. Auch andere Menschen wurden nach einiger Zeit involviert. So gibt es einen positiven Bezug zu fremden Menschen, eine positive Verknüpfung mit unterschiedlichen Umwelteinflüssen, und am Ende wartet immer die große Freude, wenn ein Mensch gefunden wird. Lissy darf so mehrmals die Woche eine kleine Heldin sein, was ihr merklich guttut. Sie ist neugieriger geworden und zeigt draußen mehr Interesse an ihrer Umwelt.

Leichtigkeit im Alltag

Insgesamt achtet Anne im Alltag auf mehr Ausgelassenheit und Leichtigkeit. Eine Arbeit an der eigenen inneren Haltung ist dabei genauso wichtig wie eine Arbeit an dem Hund: Denn der Mensch vermittelt dem Hund seine Gedanken. Machen wir uns Sorgen, schauen wir unseren Vierbeiner

Manche Hunde haben Lust auf Tricks und gehen gern in die Kooperation mit dem Menschen. Für ernstere Hundetypen ist so etwas eher nichts.

Wenn Mensch und Hund ein Spielgesicht zeigen, ist die nötige Leichtigkeit vorhanden.

mit entsprechender Mimik an. Unsere Gesten und die Körpersprache sind dann vorsichtiger, weil wir bei dem Hund nichts Negatives auslösen wollen. Wir zeigen ihm dadurch, dass die Umwelt tatsächlich so ist, wie er es vermutet. Nachahmungslernen fließt bei diesem Prozess mit ein. Mehr Gelassenheit und Spaß am Leben sind in dieser Konstellation ein guter Richtwert für Lissy, denn schließlich sollte Anne mit gutem Beispiel vorangehen. Es braucht ein gemeinsames Anliegen, um gemeinsam in die gleiche Richtung zu gehen.

Hast du noch andere Ideen, um den beiden zu mehr Leichtigkeit zu verhelfen?

Für Lissy und viele andere Hunde ist es wichtig, einen Sinn in den Handlungen zu erkennen. Wir Menschen können das gut nachvollziehen, sind wir doch ebenfalls Sinnsucher. Der eine sieht seinen Sinn im Lehren, der andere im Erziehen, wieder ein anderer geht in die Wissenschaft, während manch einer diesen in der Musik oder Malerei findet. „Mit einem Warum im Herzen, lässt sich fast jedes Wie ertragen", so beschreibt auch der Psychologe Viktor E. Frankl sein Überleben im Konzentrationslager. Obwohl er Gräueltaten erlebt und seine komplette Familie verloren hat, bejahte er immer noch das Leben, indem er stets einen Sinn sah.

Während unsere Sinnsuche sehr individuell gestaltet ist, bringen die Hunde rassespezifische Eigenschaften mit, die es wesentlich einfacher machen, ihrem Leben oder einzelnen Handlungen einen Sinn zu geben. Mehr noch: Es macht sie glücklich und zufrieden,

1 Fährten aufspüren und nachgehen ist bei vielen Hunden intrinsisch motiviert angelegt. Im Mantrailing darf der Hund sich zusammen mit seinem Menschen ausleben.

2 Kleine Dog-Dance-Einheiten mögen Hunde, die gerne ganz nah am Menschen sind.

das zu tun, was in ihrem genetischen Programm geschrieben steht. Aus dieser Sicht heraus kann die Sinnhaftigkeit als Resilienzfaktor eindeutig aus dem humanen Bereich übernommen werden und bietet dir eine wundervolle Möglichkeit, deinen Hund zu stärken und emotional zu stabilisieren. Auch euer Miteinander profitiert von diesem gemeinsamen Anliegen. Ich sehe regelmäßig die leuchtenden Augen der Besitzerinnen, wenn die Hunde ihr Können zeigen. So verschiebt sich manch problemfokussierte Sicht, und es stehen andere Eigenschaften des Hundes im Mittelpunkt, als die eher unbeliebten.

Vor allem wenn sich dein Hund bei einer Beschäftigung beweisen muss und neue Strategien ausprobieren darf, um an das Ziel zu kommen, wächst der Mut, das Selbstvertrauen und die Selbstwirksamkeit. Die Haltung deines Hundes verändert sich: Positiver gestimmt geht es hinaus in die alltägliche Welt. Ein wichtiger Faktor, um gelassen zu bleiben.

Welche Rasse ist dein Hund? Oder falls er ein Mischling ist, welche Motivationen kannst du in ihm erkennen? Sind es jagdliche oder ist er am liebsten ganz nah bei seinem Menschen und kuschelt gerne? Wie eigenständig handelt er? Apportiert er gerne? Leuchten seine Augen, wenn er am Fahrrad so richtig Gas geben kann? Vielleicht geht er gern auf die Suche und kann stundenlang eine Fährte verfolgen? Oder zeigt er Eigenschaften, die auf einen Hütehund passen, er möchte gern mit dem Kopf arbeiten, ist clever und ein Schnelldenker? Falls du dir nicht sicher bist, wonach deinem Hund der Sinn steht, kannst du folgende Fragen für dich beantworten, um es herauszufinden.

ANREGUNG ZUR SINNFINDUNG

Was lässt die Augen deines Hundes leuchten? Wo ist er mit Eifer dabei? Nimm dir einen Zettel und schreibe so viele Punkte wie möglich auf. Denke an einzelne Tätigkeiten aus den vergangenen Tagen, wo dein Hund sich gefreut hat, diese auszuführen. Ordne diese Punkte jetzt hier ein:

Tätigkeiten mit der Nase

(Schnüffeln, einer Fährte nachgehen, die Umwelt mit der Nase erkunden)

Tätigkeiten mit dem Kopf/mit den Augen

(clevere Strategien, Denkspiele, hüten, fixieren und anschleichen, beobachten, kontrollieren)

Tätigkeiten mit dem Körper und der Energie

(Actionspiele, mit einem Tau zerren, rennen, apportieren, etwas hinter sich herziehen, wildes und körperbetontes Hundespiel)

Tätigkeiten zusammen mit dem Menschen

(kuscheln, gemeinsame Aktivitäten, immer ganz nah am Menschen sein, Stimmungen des Menschen erkennen und darauf eingehen)

Welche Tätigkeiten überwiegen und machen deinem Hund am meisten Spaß? Hier findest du das erfüllende Hobby für deinen Hund und kannst mit der intrinsischen Motivation desselben arbeiten, um ihn zu stärken.

Der Bullterrier ist für Action zu haben. Mit ausreichend Impulskontrolle und Förderung der Selbstregulation darf auch er in seiner Motivation sinnhaft beschäftigt werden.

EXKURS: MOTIVATION

Intrinsische Motivation entsteht aus deinem Hund heraus. Er tut etwas, weil es ihm Spaß macht, für ihn einen Sinn ergibt oder seine Interessen bedient. Es sind Tätigkeiten, die um ihrer Selbstwillen unternommen werden, nicht weil es dafür eine Belohnung oder Bestrafung gibt. Solche Tätigkeiten kannst du sehen, wenn dein Hund beispielsweise mit Lust und Freude buddelt, auch ohne vorher eine Maus gerochen oder gesehen zu haben. Oder er mag einfach alle Menschen und sucht aktiv den Kontakt, hier braucht es keine Leckerlis zur Verstärkung!

Das sogenannte **Appetenzverhalten** hängt sehr eng mit der intrinsischen Motivation zusammen. Dieses Verhalten liegt vor, wenn der Hund eine Erwartung an eine Endhandlung hat, beispielsweise eine Beute töten, und sich dahingehend ausrichtet bzw. die Möglichkeiten schafft, diesen Antrieb zu befriedigen. Um bei dem vorherigen Beispiel zu bleiben, würde das bedeuten, dass dein Hund nach dem Buddeln regelrecht giert. Das kann er „gerichtet" immer dann zeigen, wenn er eine Maus riecht, oder „ungerichtet", jederzeit und unerlässlich vermutet er Mäuse und buddelt Löcher. Ungerichtetes Appetenzverhalten kann obsessive Züge besitzen. Das wäre dann ein Hinweis auf ein nicht passend reguliertes Stresssystem und bedarf einer genauen Betrachtung.

Extrinsische Motivation bedeutet, dass dein Hund Spaß und Freude an einer Sache hat, weil er dafür eine Belohnung erwartet oder Aufmerksamkeit bekommt.

Die **intrinsische und extrinsische Motivation** können zusammen wirken und sich untereinander verstärken: Dein Hund liebt es, über etwas zu springen, du freust dich darüber und mel-

Jagdhunde besitzen wie viele Arbeitshunde eine hohe intrinsische Motivation und ein Appetenzverhalten.

dest dich mit ihm beim Agility-Verein an. Wenn das Training gut aufgebaut ist, habt ihr beide viel Spaß an der Sache und dein Hund lebt seine Motivation aus. Vielleicht wird noch von außen eure gute Leistung gelobt. So kommt noch mehr Schwung in die Tätigkeit, und ihr habt die Voraussetzung, ein tief sinnerfüllendes Hobby für Mensch und Hund gefunden zu haben. Zum Problem wird es, wenn die extrinsische Motivation überwiegt, d. h. die Anforderungen werden immer höher, du entwickelst einen Ehrgeiz und dein Hund verliert nach und nach die Lust an der Sache. Die Tätigkeit wird zu einer Pflichterfüllung. Das passiert gelegentlich im Sporthundebereich, wenn der Ehrgeiz des Menschen Überhand gewinnt und die Bedürfnisse und das Leistungsvermögen des Hundes nicht mehr passend beurteilt werden.

1

Vielleicht hast du jetzt eine gute Vorstellung davon, was dein Hund gern macht. Nachfolgend gebe ich dir ein paar Ideen, wie du die Motivation konkret umsetzen kannst. Die Beschäftigungen sind unterteilt in anspruchsvolle Aufgaben, die am besten unter professioneller Anleitung erlernt werden und alltägliche Möglichkeiten, die du mit ein wenig Wissen selbst durchführen kannst.

1 Ob die Dummyarbeit für Profis …

2 … oder die Arbeit mit dem Futterbeutel, beide Tätigkeiten bedienen die Sinnhaftigkeit bestimmter Hundetypen und sorgen für ein tolles kooperatives Miteinander.

3–4 Die Geruchsdifferenzierung gehört zu den anspruchsvollen Aufgaben im Suchhundebereich.

5 Ein typischer Augen-/Kopfhund

Dein Hund liebt die Nasenarbeit

Anspruchsvoll

Mantrailing, Dummysport, Zielobjektsuche (ZOS®), Fährtenarbeit, Geruchsdifferenzierung, Futterbeutelarbeit mit verschiedenen Schwierigkeitsstufen und Aufbaumöglichkeiten

Für den Alltag

Trümmerfeld durchsuchen, Leckerlisuche (Suchdecken und -kisten, Leckerlis verstecken, auf den Rasen streuen, in einem Baum verstecken etc.), Futterbeutelarbeit auf einem Spaziergang

3

Dein Hund liebt die Augen-/Kopfarbeit

Der typische Augen-/Kopfhund hat viele Ideen und scannt die Umgebung in erster Linie mit den Augen ab.

Anspruchsvoll

Longieren, Treibball, Agility/Hooper, Dog-Dance, Rallye Obedience, Hütehundarbeit (Schafe, Gänse …), Trick Dog mit verschiedenen Schwierigkeitsstufen und Aufbaumöglichkeiten

4

2

5

Für den Alltag

Intelligenzspielzeug, kleine Tricks mit dem Klicker, Free Shaping (freies Formen: eigene Strategien erarbeiten lassen, mithilfe des Klickers punktgenau bestätigen), deinen Hund vor Aufgaben stellen und sie ihn lösen lassen (ein Tunnel aus Kartons etc.)

Positiv gestimmt auf das warten, was kommt.

1

2

1 Action lieben viele Hunde. Mit passenden Regeln und Rahmenbedingungen kann ein actionreiches Sozialspiel für Mensch und Hund beziehungsstärkend wirken.

2 Therapiehunde bereichern Menschen. Am besten sind dafür emotional-stabile und stark menschenbezogene Hunde geeignet.

Dein Hund liebt das energiereiche körperliche Arbeiten

Anspruchsvoll

Zughundesport (CaniCross, Dogscooter, Bikejöring, Weight Pulling), Agility/Hoopers, Dummysport, Dogfrisbee, IPO Sport, Vorbereitung zum Tough Hunter® u. a.

Für den Alltag

Neben dem Fahrrad herlaufen, gemeinsames Joggen/Walken, Apportierspiele, Futterbeutelarbeit, einen Hunderucksack tragen, mit einem Tau oder Seil zerren, ein wildes soziales Spiel, wenn auch du daran Freude hast, ein Spiel mit dem Hundekumpel.

Dein Hund liebt die Arbeit mit Menschen („Gefühls- oder Stimmungshunde")

Anspruchsvoll

Besuchshund im Kindergarten oder Alters-/Pflegeheim, Therapiebegleithund (bei emotionaler Stabilität des Hundes), DogDance, Dummysport.

Zusatzinfo

Für Hunde, die gern mit Menschen arbeiten, ist die Ausbildung zum Besuchs- oder Therapiebegleithund eine sinnvolle Tätigkeit, die viele Menschen glücklich machen kann. Dabei ist es wichtig, stets das Wohl des Hundes im Auge zu haben und in eine gute Ausbildung zu investieren. Vor allem die freundlichen Hunde zeigen eine Überforderung oft nicht sofort an.

Für den Alltag

Jede Tätigkeit, die mit dir zusammen durchgeführt wird und bei der du dich über deinen Hund freust: eine Leckerlisuche, ein gemeinsames soziales Spiel, an einem Tau gemeinsam zerren, Sachen verstecken und sie suchen lassen, freudige Spaziergänge, bei denen es viel Neues zu entdecken gibt.

Tipps für den Beschäftigungsbereich:

– Traut sich dein Hund nicht viel zu, fange sehr kleinschrittig an.
– In dem Beschäftigungsbereich gibt es viele gute Trainer/innen, die dich unterstützen können, falls du dir unsicher bist. Bei einem guten Aufbau ist der Hund länger mit Freude dabei und ihr vermeidet frustrierende Fehler.
– Vor allem, wenn es um eine Steigerung der Resilienz geht, ist es wichtig, dass ihr euch als Team bei der Tätigkeit wirklich wohlfühlt.
– Übe das neue Hobby möglichst regelmäßig aus, Trainingstagebücher sind sehr wertvoll beim Aufbau der neuen Tätigkeit.
– Es zählt immer Qualität vor Quantität: lieber eine gut aufgebaute und erfüllende Tätigkeit als viele Tätigkeiten, die irgendwie nebenbei laufen.

KURZ GEFASST: OPTIMISMUS

Der Pessimist klagt über den Wind.

Der Optimist hofft, dass der Wind sich dreht.

Der Realist setzt die Segel neu.

Der optimistische Realist setzt die Segel neu, da er hofft, dass der Wind sich dreht, denn ohne diese Hoffnung würde er die Segel gar nicht erst setzen.

Diese Sätze beschreiben die Wirkung einer positiven Grunderwartungshaltung sehr passend. Optimismus zusammen mit einer Prise realistischem und situationsangepasstem Denken hilft, den oft unvorhersehbaren Alltag mit seinen Hürden gut zu überstehen. Dieser Faktor ist die Basis für die Selbstwirksamkeitsüberzeugung und Handlungsfähigkeit. ICH KANN die Segel neu setzen, weil ich davon überzeugt bin, dass der Wind sich drehen wird. Diese Überzeugung macht den Weg frei für alle weiteren Kompetenzen, die es braucht, um mit schwierigen Situationen einen Umgang zu finden.

Der Beschäftigungsbereich bietet viele gute Möglichkeiten, deinen Hund ein Held sein zu lassen. So fließen die Glückshormone, die der Stabilität und der Zufriedenheit dienen. Zusammen mit deiner positiven Sichtweise unterstützt du deinen Hund.

3. Station:

Selbstregulation, Impulskontrolle, Selbstwahrnehmung

FRITZI UND DIE SELBSTREGULATION

Scherzhaft meinte die Besitzerin Karo, dass Fritzi eigentlich Flitzi hätte heißen sollen, der Name würde viel besser zu seinem Charakter passen. In der Tat war der kleine Mischling ein Energiebündel. Seine Antennen waren stets auf Sendung, er nahm die kleinsten Bewegungen am Horizont und die leisesten Geräusche in seiner Umgebung wahr. Er liebt das Jagen und das wilde Umherrennen mit anderen Hunden. Dabei gaben die Hunde nach einer Zeit oft auf, während Fritzi nicht enden wollende Spielsequenzen zeigte. Angst kannte er nicht, wagemutig erkundete er alles.

Immer aktiv

Das hört sich eigentlich recht nett an, er zeigt immerhin kein übersteigertes Angst- oder Aggressionsverhalten. Er ist halt ein sehr aktiver Hund. Auch beherrscht er ein gut abrufbares „Sitz“ und kann seine Impulse, wenn es verlangt wird, kurzzeitig unter Kontrolle halten. Doch Fritzi hat Stress. Selbst wenn er das Kommando Sitz ausführt, pumpen seine Lungen, und sein Herz rast. Er ist mit den Gedanken bereits ganz woanders. Orientierung und Kooperation mit seiner Besitzerin führt er mechanisch aus: ein kurzer Blick in ihre Richtung, vielleicht gibt es noch ein Leckerli, und schon ist er wieder weg, selbst wenn er noch physisch neben ihr steht. Mental war er auch während des Blickes nicht wirklich bei ihr. Karo hat fleißig trainiert und ist deswegen auch ein wenig traurig. Sie beschreibt es so: „Fritzi ist nie wirklich bei mir, er spult das Eingeforderte ab, doch echtes Interesse hat er nicht. Ich versuche, mich für ihn interessanter zu machen und hänge jetzt in einer Dauerschleife, in der ich mir vorkomme wie ein Animateur

im Ferienclub." Das Sinnbild passte wie die Faust aufs Auge. Fritzi hat nämlich ein großes Thema: Er kommt von sich aus nicht zu Ruhe. Da hilft es tatsächlich wenig, sich selbst noch interessanter zu machen und damit eventuell eine weitere Aktivierung von Fritzis Organismus zu riskieren. Die ständige Aktivierung und die fehlende Regulation und Regeneration können sogar krank machen.

Zur Ruhe finden

Mit der Resilienzbrille der Selbstregulation ging es an die Bewertung der Tagesstruktur. Wo und an welchen Stellen ist der Aktivitätslevel hoch und wo niedrig? Karo stellte bei dieser Reflektion fest, dass sie Fritzi ein wahres Feuerwerk an Beschäftigung präsentierte. Selbst zu Hause gab es ständig Such- und Denkspiele für den Hund. Sie hatte sich jetzt ebenfalls beim Mantrailing angemeldet, damit er sich mehr konzentriert und vielleicht endlich mal müde wird. Fahrrad fahren, im Garten Ball spielen ... alles dient dazu, Fritzis Aktivitätsniveau gerecht zu werden, doch stattdessen wurde es weiter befeuert.

Fritzi ist meistens mit den Gedanken weit weg von seinem Menschen.

1

2

1 Lieber ein ruhiges Picknick als das große Leckerli- und Spaß-Feuerwerk für Fritzi.

2 Eine Basisübung in dem Bereich Selbstregulation: die Halte- oder Stand-by-Übung. Der Mensch als Co-Regulator unterstützt den Hund.

Was meinst du, welche Maßnahmen wären jetzt sinnvoll für Fritzi und Karo?

Vielleicht hast du jetzt die gleichen Worte wie ich im Kopf: Ruhe, Ruhe und Ruhe. Wir haben feste Ruhezeiten in einer Box etabliert, die positiv als Rückzugsort und Refugium aufgebaut wurde. Diese stellt ebenfalls eine Verbindlichkeit dar und beruht anfangs nicht nur auf das freiwillige Aufsuchen. Von sich aus schaffte Fritzi die Ruhe nämlich nicht. Insgesamt wurden die Erwartungen an Aktivität reduziert. Zu Hause gibt es nur ein Programm: Ruhe und auch außerhalb der Box innerhäuslich keine extra Beschäftigung. Der Spaziergang startet mit Ruhe. So stand nicht mehr das Thema „Wie laste ich Fritzi aus?" im Vordergrund, sondern wie kann ich ihm mehr Ruhe vermitteln. Die Leine ist dabei unser Hilfsmittel, um den Aktivitätsradius zu verkleinern. Karo unternimmt tolle Waldspaziergänge mit Fritzi, doch alles ab jetzt viel geführter. Trainingseinheiten mit Leckerlis gibt es kaum mehr, dafür aber kleine Pausen, in denen ein Picknick für ihn stattfindet oder einfach nur eine entspannte Rast, bei der Karo sich freut, wenn er ein kleines Loch buddelt oder die Gegend im gewissen Radius erkundet. Zwischendurch wird er zu ihr gerufen und genießt dort ein paar ruhige Streicheleinheiten in ihrer verbindlichen(!) Nähe, denn der Rückruf und das Aufhalten im Radius gelten so lange, bis Karo es wieder auflöst. Als Training haben wir uns für das ruhige Geräte- und Inseltraining entschieden. Beim Gerätetraining darf Fritzi sich in der Langsamkeit üben. Ein Bewusstsein für die vier Pfoten zu schaffen, ist ein ganz neues Gefühl für den Schnelldenker und fiel ihm anfangs sichtlich schwer. Das Inseltraining gab ihm eine neue Information zu dem Thema Erwartungshaltung und Ruhe. Beide Trainingseinheiten findest du nachfolgend in der Beschreibung.

3

3 Denn erst die Ruhe macht den Raum frei für das Zuhören.

Karos größte Herausforderung war das Erkennen und Beantworten von Fritzis Motivationen und damit auch ihre eigenen Ruhe- und Erwartungsthemen. Statt den Aktivitätswunsch zu beantworten, gab es jetzt überwiegend eine ruhige Aufmerksamkeit für reguliertes und entspanntes Verhalten – das ist der Lernbereich des „Biofeedbacks".
Als die ersten Schritte anfingen zu wirken, ging es nach und nach in das Öffnen der Rahmenbedingungen. Fritzi sucht jetzt alleine die Box zum Ruhen auf und schaut mit einem recht entspannten Blick öfter Karo an – selbst draußen. Karo erwidert den Blick mit einem Lächeln und einer echten und ruhigen Freude. Leckerlis oder ein Spiel gibt es dafür nicht, das würde wieder eine Erhöhung der Erwartung und Aktivität bedeuten. Mittlerweile sind sie ein gutes Mantrailing-Team geworden. Fritzi ist immer noch ein aktiver Hund, aber kann sich gut selbst regulieren und hält viele Ruhepausen am Tag von selbst ein. Das Verhältnis von Ruhe zu Aktivität liegt jetzt bei ca. 80 : 20. Das bedeutet, dass 80 % des Tages in Entspannung und Ruhe stattfinden.

Wie ist dein Hund aufgestellt?

Schafft er es, sich selbst zu entspannen? Braucht er einen hohen Aktivitätslevel oder befeuert es sein eh schon vorhandenes inneres Feuer weiter? Hat er ein Gefühl für seine vier Pfoten?
Die Selbstregulation eines aufgeregten Hundes geht eher im Gänsemarsch voran, als in Sieben-meilen-Stiefeln. Hier bist auch du gefragt: zum einen braucht es die Geduld, Zum anderen einen in sich ruhenden und entspannten Menschen an der Seite des aufgeregten Hundes. Sozusagen darfst du der ruhende Pol sein, denn einer muss schließlich die Vorgaben machen und das Steuer in den Händen halten.

INSELTRAINING

Das „Inseltraining“ ist ein Bleib-Training auf einer Decke, welches ohne Erwartungshaltung und fast schon meditativ ausgeführt wird.
Du brauchst eine Decke (Insel) und anfangs auch eine Leine am Hund. Die Decke sollte ausreichend groß sein, sodass die Schnauze oder Pfote des Hundes nicht außerhalb der Insel ist. Zu Beginn findet das Training nur in vertrauter und reizarmer Umgebung statt und am besten zu einer Zeit, wo dein Hund von sich aus schon zur Ruhe kommt, beispielsweise abends nach einem Spaziergang. Nimm dir ausreichend Zeit, denn die ersten Einheiten können dauern. Eine Einheit ist erst beendet, wenn der Hund von sich aus zur Ruhe gefunden hat.

1 Der Einsatz von Leckerlis bei einem echten Ruhetraining passt durch die hervorgerufene Belohnungserwartung nicht zusammen. Eine Erwartungshaltung, auch wenn sie positiver Natur ist, bedeutet weniger Raum für die innere Ruhe, bei der alle Prozesse, vom Gehirn angefangen bis zu den Muskeln, in die Entspannung finden sollen.

2 Inseltraining mit mehreren Hunden – eine besondere Lernsituation für die Selbstregulation.

3 Den Blick in die Ferne gerichtet, die direkte Kommunikation wird unterbrochen, damit die Ruhe und Regulation Raum erhält.

1

2

Die Insel steht ebenfalls für Schutz und Geborgenheit: Du trägst die Verantwortung, dass deinem Hund auf der Insel nichts widerfährt und er nicht von Artgenossen oder anderen Menschen „belästigt" wird.
Ein ritualisiertes Vorgehen ist dabei wichtig, um Planungssicherheit zu geben. Dazu gehört auch, dass dein Hund gerade zu Beginn immer die gleiche Decke hat, das sorgt für eine geruchliche und optische Zuordnung. Diese Decke steht ab jetzt für Ruhe. Gehe mit deinem (angeleinten) Hund gemeinsam auf die Decke, nimm gerne 2 – 3 tiefe Atemzüge. Mit der letzten Ausatmung lässt du die Leine demonstrativ fallen, bleibst für weitere 2 – 3 entspannte Atemzüge auf der Decke und verlässt sie dann mit einem Schritt vorwärts oder rückwärts, je nach Vertrauen in den Hund. Während dieser Phase gibt es keinen Blickkontakt, keine Ansprache, kein Leckerli etc. Dein Blick geht über deinen Hund hinweg in die Ferne, was auch dazu beiträgt, dich aufzurichten und dir eine gelassene Ausstrahlung schenkt. Jetzt entferne dich weiter von der Decke – ungefähr 1 – 2 großzügige Schrittlängen. Achte dabei auf eine ruhige Atmung, ein in die Ferne gerichtete Blick, ein selbstbewusstes Auftreten und insgesamt eine ruhige und gelassene Präsenz.
Möchte dein Hund dir folgen oder entfernt sich seitlich von der Decke, nehme die Leine auf und bringe ihn wieder zur Decke. Versuche körpersprachlich so verständlich wie möglich zu sein. Dazu einer kleiner Tipp: Filme dich bei der Übung und werte danach den Film aus, unter dem Gesichtspunkt, ob dein Hund dich verstanden hat. Du kannst ihn auch frühzeitiger durch einen Schritt auf ihn zu körpersprachlich blockieren. Ist er wieder auf seiner Insel, führst du die Handlungen wie zu Beginn aus.

Wichtig!

Tabu ist auf der Insel ein Anschauen, Ansprechen, Anfassen und Füttern des Hundes – die Insel steht ausnahmslos für Ruhe und Entspannung und nicht für irgendeine Form der Erwartungshaltung.

3

Das Signal „Insel“ sagst du in dem Moment, in dem dein Hund von sich aus –intrinsisch- die Idee hat, auf der Decke zur Ruhe zu kommen. So kann er seine selbst getroffene Entscheidung zur Entspannung über viele Wiederholungen mit dem Signal „Insel“ in Verbindung bringen. Bitte sage das Wort sehr ruhig und eher begleitend. Es gilt auch als eine Art „Biofeedback“, eine Auskunft oder ein Signal zu der inneren Haltung zu geben.

So sieht dein Hund aus, wenn er anfängt, sich zu entspannen:

– Er legt sich hin, die Muskeln entspannen sich (er liegt nicht angespannt, sondern entspannt).
– Er atmet hörbar aus („Schmetterlinge rauslassen“).
– Er legt seinen Kopf auf seine Pfoten ab oder sich entspannt auf die Seite etc.
– Die Atmung wird ruhiger und flacher.
– Die Rute ist ruhig und wedelt nicht.
– Der Blick wird weich.
– Die Gesichtsmuskulatur entspannt sich.
– Die Ohren haben eine neutrale Haltung – weder stark nach vorn gerichtet, noch stark nach hinten.

Nach einer gewissen Zeit des regelmäßigen Übens, d. h. der Hund hat offensichtlich einen Bezug zu dem Signal „Insel“ hergestellt, setzt du das Wort Insel an den Beginn des Trainings. Mit dem Fallenlassen der Leine bzw. dem Führen deines Hundes zur Decke erfolgt der Begriff.

Die innere Entspannung sehen wir am Ausdrucksverhalten des Hundes.

Ist dein Hund entspannt und auf der Insel zur Ruhe gekommen?

Dann kannst du ihn jetzt abholen, dabei bitte nie aus der Ferne abrufen. Du trittst ruhig an die Insel heran, noch immer ohne Blickkontakt zum Hund, nimmst 2 – 3 entspannte Atemzüge, dann erfolgt das Aufnehmen der Leine und weitere 2 – 3 tiefe Atemzüge.

Erst wenn dein Hund abwartend geduldig reagiert, wird er über eine ruhige körpersprachliche Einladung von der Insel abgeholt. Das kann durch ein Lächeln, einem freundlichen Gesicht und das eigene Gewicht vom Hund weg verlagernd geschehen.

Dein Blick wird dorthin gerichtet, wo er hin soll.

Lass deinen Hund jetzt bei dir ankommen, streiche ihn ruhig und erdend ab und atme noch mal gemeinsam mit deinem Hund tief ein und aus.

Klappt dieses sehr intensive Training gut, kannst du dich in den weiteren Trainingsschritten von der Decke entfernen, oder mit leicht ablenkenden Reizen arbeiten, beispielsweise Würstchen in einiger Entfernung auslegen und einen Ball über den Boden kullern lassen.

Sobald es drinnen in der sicheren Umgebung gut läuft, darf die Insel auch draußen wirken. Überall dort, wo bereits eine höhere Erwartungshaltung besteht oder dein Hund sich anspannt – vor der Haustür, zu Beginn eines Spaziergangs oder nach dem Ausladen aus dem Auto.

Mögliche Stolpersteine beim Aufbau

– Das Anschauen deines Hundes während der Übung.
Das kann wie eine Einladung wirken und eure Arbeit an der Ruhe erschweren.
– Zu schnelles Auflösen der Übung.
Die Übung lebt davon, dass dein Hund innen wie außen sich entspannt und später auch reguliert. Deswegen ist es wichtig, eine gute Wahrnehmung dafür zu entwickeln.
– Die eigene innere Anspannung bei der Übung.
Vor allem bei den ersten Einheiten braucht es auch deine Ruhe, damit dein Hund sich orientieren kann. Wenn du selbst einen schlechten Tag hast, übe lieber nicht, oder nutze dieses Training als Selbstregulation für dich: Yoga und Meditation für dich, Inseltraining für den Hund, die perfekte Kombination.
– Unpassende Einwirkung beim Verlassen der Decke.
Die Insel steht für Ruhe, Entspannung und Wohlbefinden. Wenn du einen sensiblen Hund hast, achte bitte darauf, möglichst passend zu reagieren, wenn er die Insel verlässt. Umgekehrt darfst du einem stabilen Hund deutlich vermitteln, dass hier eine Grenze ist, die es einzuhalten gilt.

Die Insel geht auch zu zweit. Sie steht nicht nur für die Selbstregulation, sondern auch für das Einhalten von Rahmenbedingungen in allen Situationen. Das erfordert Übung und Konsequenz, Verständnis und Wohlwollen – insgesamt aber ein absoluter Mehrwert für Mensch und Hund im Alltag.

DAS LANGSAME GERÄTE-TRAINING

Zu der Selbstregulation gehört, wie eingangs beschrieben, auch die bewusste Wahrnehmung der vier Pfoten. Dafür ist die folgende Übung sehr gut geeignet.

Suche dir einen umgefallenen Baumstamm. Zum Anfang darf er gerne schön groß sein, sodass dein Hund komplett darauf passt. Bänke oder ähnliche gerade Geräte sind zwar auch nicht schlecht, doch ein Baumstamm weist durch die Rundungen und Unebenheiten wesentlich mehr Konzentrationsmöglichkeiten auf.

Vorweg: Starte am besten mit Ruhe, das kann ein tiefes Ein- und Ausatmen von dir sein und ein kurzes Erden und beende die Übung mit Ruhe durch ein Aufrichten, Schultern bewusst fallen lassen und einem tiefen Atemzug.

Lass deinen Hund auf den Baumstamm gehen. Gruselt er sich sehr oder traut sich nicht, darfst du gerne mit Leckerlis arbeiten, wenn es ihm hilft. Er sollte den ersten Schritt allein schaffen. Sobald er auf dem Stamm ist, geht es vor allem um Langsamkeit.

1. Du streichelst deinen Hund mit einer passenden Berührung, um ihn zu erden und zu beruhigen.

2. Du führst ihn über den Baumstamm – sehr langsam, Pfote für Pfote. Sei für deinen Hund da, er darf auf keinen Fall abstürzen, und er sollte auch nicht runterspringen. Deine Hände sind am besten immer dicht an ihm (circa 2 – 3 cm Abstand zum Körper deines Hundes). Versuche nicht, über die Leine zu arbeiten.

1

1 Ein tiefer Atemzug vor dem Training gibt auch dem Menschen die nötige Ruhe, um passend einzusteigen.

2

3

2 Die Richtung vorgeben und mit der anderen Hand am Hund in Kontakt bleiben. Das bietet Orientierung und Schutz.

3 In der Langsamkeit bekommt der Hund ein Bewusstsein für seine vier Pfoten und die Balance. Eine wichtige Information für das Nervensystem.

Setze deine Stimme und Körpersprache ein, um zu beruhigen oder zu motivieren, so wie es dein Hund gerade braucht.

3. Lass deinen Hund auf dem Baumstamm Sitz machen. Du darfst herzlich und voller Stolz loben (wenn du möchtest, auch mit Leckerlis oder einer Leberwursttube). Jetzt geht ihr so langsam weiter bis zum Baumstammende.

4. Dort kann er noch mal Sitz machen, bevor es an den Abstieg geht. Mit ruhigem Lob die Übung abschließen.

Alternatives Ende für Fortgeschrittene: genauso langsam (Pfote für Pfote) den Abstieg begehen. Das erfordert aber bereits vom Hund ein gewisses Verständnis, um was es bei der Übung geht.
Klappt diese Übung gut, dein Hund benutzt alle vier Pfoten und kann langsam gehen? Dann kannst du dir die nächsten „Trainingsgeräte" suchen – Treppenstufen rauf und runter, Bänke, kleinere Baumstämme, verschiedene Kisten, Wackelbretter, Balancekissen (z. B. FitBones®), Leitern, Pylonen mit Stangen über dicke Sitzbankauflagen, Trampolin etc. Der Kreativität ist keine Grenze gesetzt, und du kannst richtige Selbstwahrnehmungsstraßen mit unterschiedlichen Untergründen aufbauen.
Ihr könnt gerne gemeinsam Spaß haben. Wenn die Übung schon gut klappt, kannst du gemeinsam mit deinem Hund balancieren. Achte dabei auf die Langsamkeit, rolle deinen Fuß von der Ferse zur Fußspitze ab, bevor du den nächsten Schritt setzt – gerne mit einer tiefen Ein- und Ausatmung

1

2

verbunden. Nutze es für eine Achtsamkeitsübung, in der du ganz bewusst deinen Körper wahrnimmst. Höre deiner Atmung zu und treffe keine Bewertung. Eine Übung gemeinsam auszuführen, schafft eine Verbindung. Dabei geht es weniger um Perfektion, sondern viel eher um den Spaß an der Sache. Im Hundesport ist das Cavaletti-Training eine gute Möglichkeit, die Selbstwahrnehmung zu trainieren.

3

1 Das Hinsetzen und Aufstehen auf einem wackligen Untergrund ist auch gut für die Motorik und die Muskeln.

2 Ist der Mensch voller Freude und Stolz über die Leistung des Hundes, steigt die Kooperationsbereitschaft. Hunde wollen uns gefallen und mit ihren Leistungen gesehen werden.

3 Besteht eine Freude am gemeinsamen Tun, wächst manch ein Hund über sich hinaus.

KURZ GEFASST: SELBSTREGULATION

Deinem Hund ein Bewusstsein für seine inneren Zustände zu schaffen, sodass er sie selbst regulieren kann, ist der Kern der Selbstregulation. Dabei geht es um ein gutes Auge, welche Aktivität deinem Hund guttut und wo eher Ruhe und Entspannung wirken sollte.

„Wenn wir es zulassen, aus der Perspektive des anderen auf uns selbst zu schauen, erfahren wir viel Wahres. Der Blick des Hundes auf seinen Menschen ist oft unverstellt", schreibt die Hundetrainerin Gülay Ücüncü in ihrem Buch „Der gelassene Hund" und zeigt damit auf, wie wichtig eine Selbstreflektion in diesem Bereich auch für uns ist. Dein Hund kann dabei ein wunderbares Lerngeschenk sein.

4. Station:

Ideenreichtum, flexibles Denken, Cleverness, Improvisationsvermögen

Wagemutig, clever und mit vielen Ideen ausgestattet – die Einschätzung deines Hundes ist die Basis jedes Trainings.

DER CLEVERE LOU

Eine trächtige Schäferhundmix-Hündin wurde von einem Schrottplatz-Besitzer beschlagnahmt, der sie nicht mehr gut versorgte. Die Welpen wurden im Tierheim geboren und lernten zuerst nur die Gitterstäbe bzw. das Gelände der Auffangstation kennen. Die Tierheimmitarbeiterinnen taten ihr Bestes, die Welpen zu sozialisieren. So wurden sie mal in einer Schubkarre herumgefahren oder kletterten über ein paar alte Geräte, die im Auslauf standen. Zu dem Zeitpunkt schaute sich Claudia nach einem neuen Hund um. Ihr Hund war vor einiger Zeit verstorben, und ihr Herz war wieder offen für eine neue vierbeinige Persönlichkeit. Da kam ihr der Wurf Welpen im Tierheim zu Ohren.
Claudia fuhr sofort dahin und führte dort ein längeres Gespräch mit den Mitarbeiterinnen. Sie befanden Claudia für kompetent genug, und sie unterschrieb die Papiere für die Übernahme einer der Welpen.
Lou zeigte sich von Anfang an sehr neugierig und hatte ein großes Erkundungsverhalten. Mutig und recht forsch ging er dabei vor. Claudia war der Ansicht, er müsse jetzt vieles aufholen, denn schließlich hat er im Tierheim kaum etwas erlebt. Sie war hochgradig motiviert und arbeitete Trainingspläne aus. Jeden Tag gab es

Wenn der Futterbeutel zu stark im Fokus steht, bleibt weniger Raum für den Menschen im Miteinander.

für Lou neue Reize und Situationen. Um sein Lernen zu unterstützen, arbeitete sie mit einem Klicker und Futter, das sich der Hund draußen erarbeiten sollte. Das soll auch gut für die Bindung an den Menschen sein, sagte sie. Zu Hause gab es kein Futter, denn hier war Ruhe angesagt. Doch so, wie sie sich das mit der Ruhe vorstellte, klappte es nicht: Lou verfolgte sie durch das ganze Haus.
Mit ca. einem Jahr fing Lou an, sich laut bellend bei einer Hundesichtung in die Leine zu hängen. Er zeigte eine klassische Leinenaggression.
Claudia kam zu mir, um weitere Tipps für die Beschäftigung von Lou zu erhalten. Sie hatte von meinem Heldentraining zur Resilienzstärkung gehört, und da Lou in den ersten Lebenswochen nicht so viel kennengelernt hat, sei das sicher eine gute Idee.

Hohe Erwartungshaltung

Nun stand Lou vor mir – aufgeregt, aber nicht nervös, eher in einer hohen Erwartungshaltung. Er hörte einen anderen Hund bellen und bellte mit. Claudia stand daneben und wartete ab. In dem Moment, wo er kurz still war, klickte sie, und es gab Futter. Dann sah ich etwas Erstaunliches: Lou schaute zum Futterbeutel, zum Klicker und zu Claudia. Es sah so aus, als hätte er eine Idee. Er drehte sich zu der bellenden Geräuschquelle hin und bellte wieder, wurde von selbst still und schaute erwartungsvoll den Futterbeutel an. Claudia klickte, und es gab Futter. Lou bellte, war still und bekam Futter. So lief es eine ganze Weile weiter. Claudia und ich hatten noch kein einziges Wort gewechselt, während Lou mittlerweile der Arbeitseifer ins Gesicht geschrieben stand.

Ein tierischer Workaholic: immer auf der Suche nach neuen Aufgaben.

Was meinst du ist hier passiert?

Claudia bestätigte doch die Bellpause passend, was das Timing angeht. Warum steigerte sich also Lous Verhalten? Im Lernen nennt man dieses Verhalten „chaining“. Es ist ein Verknüpfen von Reizen und somit der Aufbau einer Verhaltenskette. Wie sich im Laufe des späteren Gesprächs mit Claudia herausstellte, war Lou mittlerweile ein Meister in diesem Lernmodell.
Da er seinen Bedarf an Nahrung nur durch diese Art der Arbeit decken konnte, verankerte sich das Verhalten tief – nicht nur im gewünschten Bereich!

Hohe Cleverness

Lou erwies sich als lernfähig und äußerst clever. Sein Erkundungsverhalten wurde ausschließlich durch die Leine und das Geschirr gebremst, an deren Ende Claudia stand, die kaum die Kräfte ihres Hundes bändigen konnte.
So sehr ich Claudia mit ihrem Motiv verstand, nur das Beste für Lou zu wollen, ging der eingeschlagene Trainingsweg nicht in die richtige Richtung. Lou zeigte sich als recht stabiler Typ mit einer eigenen Meinung. Er konnte innerhalb weniger Sekunden improvisieren, ließ sich stets etwas Neues einfallen, und wenn das nicht funktionierte, hatte er eine andere Idee. Sein Ziel war meist das Futter aus dem Futterbeutel – ein tierischer Workaholic.
Dieses Fallbeispiel beschreibt nicht das Fehlen des Resilienzfaktors. Es zeigt auf, was passieren kann, wenn dieser Faktor gut ausgebaut ist, jedoch falsch eingeschätzt wird. Ungewollt und mit besten Absichten dahinter, kann es zu einem Förderwahn kommen.

Grenzen setzen

Bei Lou ging das Training anschließend in eine andere Richtung als anfangs gewünscht. Claudia durfte sich in der Vermittlung von Grenzen und Rahmenbedingungen üben und Lou den Menschen als wohlwollend anleitend erleben, statt wie vorher ausschließlich wohlwollend – nur ohne Anleitung. Außerdem wurde auf echte Ruhe geachtet, ganz ohne Arbeitsaufträge, und auf ein reines Menschentraining, denn Claudia musste alle bisherigen Denkweisen überprüfen und sich neu ausrichten. Schafft man so etwas, verdient es den größten Respekt, denn innerlich kommt es zu ganz normalen menschlichen Ablehnungs- und Ausweichmustern. Der Weg ist steinig. Das kannst du auch bei dir prüfen, wenn du von etwas sehr überzeugt bist, und plötzlich sollst du die eingeschlagene Richtung wechseln. Als Trainerin bedeutet das, den Menschen auf Augenhöhe zu

begegnen und mit in das Boot zu holen. Den erhobenen Zeigefinger mag keiner gern.
Generell können ein gutes Improvisationsvermögen und ausreichende Lösungskompetenzen helfen, mit spontanen Schwierigkeiten einen Umgang zu finden. Nach dem Motto: Für jedes Problem gibt es eine Lösung. Gerade die cleveren Hunde zeigen sich resilient, wenn es um bestehende Konflikte oder anhaltenden Stress geht. Im Tierheim erlebe ich diese Unterschiede hautnah. Der Clevere hat schnell Lösungsstrategien gefunden, mit dem stressigen Tierheimalltag umzugehen, auch wenn sie nicht immer gesundheitsfördernd sind, wie beispielsweise der Stressabbau durch das Umherschieben des Futternapfes. Hunde, die nur mit wenigen Strategien ausgestattet sind, zeigen im Lauf der Zeit nach und nach organische Schäden (Schilddrüsen-, Nieren-, Bauchspeicheldrüsenprobleme). Sie haben vermehrt Durchfälle, ein einseitiges Lösungsverhalten und zeigen in aufregenden Situationen Übersprungshandlungen. Auch eine Überreaktion des Immunsystems ist eine Antwort des Organismus in Form einer Allergie.
Ehemalige Straßenhunde besitzen oft eine unglaubliche Cleverness, die selbst eine erfahrene Hundetrainerin wie mich herausfordern kann. Schließlich mussten sie oder ihre Vorfahren auf der Straße in unsicherer Umgebung überleben und sich dabei viele Strategien der Anpassung überlegen.

Clevere Hunde sind Fluch und Segen zeitgleich. Auf der einen Seite helfen ihre Ideen, auf der anderen sind sie in der Hundeerziehung sehr anspruchsvoll.

Einige Straßenhunde sind besonders clever mit dem Einsatz ihrer Strategien.

Oft sind sie Meister der Körpersprache. So zeigen sie beispielsweise extrem unterwürfiges Verhalten, doch sobald man sich umdreht: schwups … ist die Wurst vom Teller verschwunden. Wirklich clever!

STRATEGIELOSE HUNDE

Ideen- und strategielose Hunde habe ich ebenfalls kennengelernt. Einige Rassen neigen etwas mehr zur Ideenlosigkeit, andere haben in der frühen Phase der Entwicklung kaum Reize kennengelernt. So vermutete es Claudia anfangs bei Lou. Doch hier stellte es sich heraus, dass die Umgebung für Lous Entwicklung ausreichte und er wahrscheinlich bereits einen Vorsprung an Resilienz in seiner Genetik und Persönlichkeit hatte. Liegt tatsächlich eine mangelnde Sozialisierung vor und durfte kein natürliches Erkundungsverhalten stattfinden, kommt es zu einer neuronalen Unter- bzw. Überforderung. Damit geht eine Störung der Informationsaufnahme und -verarbeitung einher. Oft zeigen diese Hunde motorische Defizite, auch die körperliche Wahrnehmung ist eingeschränkt (Feddersen-Petersen, 2004).

Fallbeispiel Paul

Ein besonders heftiger Fall ist mir in Erinnerung geblieben. Paul, ein American Staffordshire Terrier, verbrachte seine ersten Lebensmonate ausschließlich im Wohnzimmer mit gefliestem Boden. Der Rest des Hauses war tabu für ihn. Er wurde mehrmals am Tag an einer Flexileine in den Garten gelassen, damit er dort sein Geschäft verrichten konnte. Sehr selten ging es wirklich vor die Haustür, um einen Spaziergang zu unternehmen. Er kannte also nur die Fliesen, den Garten und seine Menschen. Als er ein Jahr alt war, riefen mich die Besitzer an, weil ihr Hund draußen eskalierte und alles angriff. Ich erlebte einen völlig überforderten Hund, der nur noch eine Idee hatte, damit umzugehen. Seine Überforderung zeigte er mit einem lautstarken aggressiven Verhalten und war dadurch eine Gefahr. Drinnen war er ein "treudoofes Lämmchen" –

keinerlei Misstrauen, nur etwas ungelenk und sehr stürmisch. Die fehlenden Reize in den wichtigen Entwicklungsphasen haben aus ihm einen extrem ideenlosen Hund gemacht.
In Absprache mit den Besitzern wurde ein Trainingsplan erstellt, der zunächst nur Basisthemen enthielt. Ein Maulkorbtraining war eines davon. Schrittweise ging es über ein Gerätetraining in die Motorik. Selten habe ich einen Hund erlebt, der so wenig mit seinen vier Pfoten anfangen konnte. Es wurde geklickert (Free Shaping s. u.) und mit Tricks sein Gehirn zum Nachdenken angeregt. Ein täglicher und vor allem reizarmer Spaziergang stand auf dem Plan. So fuhr der Besitzer mit ihm an einsame Orte, hier sollte aktiv an der Leinenführigkeit geübt werden. Langsam tat sich etwas. Nach einigen Wochen ging es vor die Tür mit Maulkorb, mit passender Führung klappte dies. Er verlor sich nicht in den Reizen. Doch der Prozess fing an zu stocken, oft hatten die Besitzer keine Zeit, mit dem Hund rauszugehen oder zu trainieren. Wochenlang kam er wieder nur in den Garten. Letztendlich musste der Hund weg, weil sich Nachwuchs ankündigte.
Auch das gibt es im Hundetraining. Mir ist es allerdings immer ein Anliegen, den Menschen zu verstehen. Vorwürfe helfen nicht weiter, denn jeder von uns handelt ebenfalls nach Mustern, aus denen wir nicht so einfach herauskommen. Dieser Fall ist aus meiner Sicht mit dem Blick auf den Hund geschrieben. Genauso gut kann ich ihn mit Blick auf die Besitzer schreiben – sie haben ihre eigene Geschichte.

Wie geht es dir mit den Fällen?
Hast du weitere Ideen bei dem Workaholic Lou und bei dem reizarm aufgewachsenen American Staffordshire Terrier Paul? In beiden Fällen hast du sicher erkannt, wie wichtig es ist, ein Verhalten richtig einzuordnen. Vor allem, wenn es um die Resilienz geht. Verstehst du deinen Hund, kannst du passend darauf eingehen und ihn fördern oder fordern.
Um zu schauen, wie ideenreich die Hunde sind, führe ich sogenannte Stresstests durch, u. a. taucht dabei unvermittelt ein großer Stoffhund im Raum auf. Die Hunde werden gefilmt, wie sie mit diesem plötzlichen Reiz umgehen. Der Stoffhund hat ein hohes Konfliktpotenzial, da er steif steht und eine gewisse Präsenz zeigt. Ideenlose Hunde haben meist nur eine einzige Strategie im Umgang mit dem seltsamen Hund, beispielsweise ein dauerhaftes Bellen. Immerhin ist das ein aktives Verhalten und kann auch dem Stressabbau dienen. Das passive einseitige „Lösungs“verhalten ist ein sehr langes Freeze, ein Einfrieren des gesamten Körpers. Wenn dieser Zustand dann noch in eine Immobilität übergeht, also der Hund in sich zusammensinkt, sieht es schlecht aus mit der Handlungsfähigkeit und dem resilienten Stresssystem. Solch ein Verhalten kann auf lange Zeit krank machen.
Was zeigt hingegen der ideenreiche Hund? Er kann Bellen oder ein Freeze zeigen, jedoch nur kurz, denn dann folgen weitere Ideen, um mit diesem Konflikt oder Reiz einen Umgang zu finden: beim Menschen nachfragen, mit dem Reiz flirten, umhertänzeln,

Hunde sollten in ihrer Resilienz gefördert und gefordert werden.

sich im Bogen schnuppernd nähern, Scheinangriffe starten, die Flucht ergreifen, um gleich wieder näher zu kommen, etc. Hier zeigt sich recht schnell, wer in seinem Stresssystem gut aufgestellt ist.
Wie zeigt sich dein Hund in diesem Bereich? Welche Ideen hat er, wenn er in einem Konflikt steht?

FREE SHAPING (FREIES FORMEN)

Zeigt sich dein Hund wenig flexibel und fehlen ihm die spontanen Ideen, kannst du gerne als ersten Schritt das Free Shaping ausprobieren. Damit darf dein Hund sich im Nachdenken und Probleme lösen in sicherer Umgebung üben. Daraus kann eine Menge Kompetenz wachsen.
Free Shaping heißt übersetzt „freies Formen". Es bedeutet, dass du bei deinem Hund jegliche Idee positiv bestätigst. Hat er dieses Konzept verstanden, kannst du es wunderbar in den Alltag und in Konfliktsituationen (stufenweise aufgebaut) übertragen.

Pass nur ein wenig auf, dass es nicht zu solchen Verhaltensketten wie bei Lou kommt.

1. Du brauchst eine Menge kleiner Leckerlis, am besten 1 – 2 Händevoll und einen Klicker. Dein Hund wird gerade am Anfang eine Menge an Bestätigung brauchen.
Denke dir ein Startsignal aus, welches du zu Beginn der Übung sagst. Klare Start- und Endsignale helfen hier, um eine andauernde Erwartungshaltung nicht entstehen zu lassen. Beispielsweise kann ein Halstuch, eine Startdecke und ein deutliches Startwort das Training einläuten. Ein Wegräumen der Gegenstände und ein gesagtes „Feierabend" deuten auf das Ende hin.

2. Wenn dein Vierbeiner das Klickern noch nicht kennt, solltest du ihm erst einmal „erklären", was es mit dem Klickgeräusch auf sich hat. Bei sehr geräuschempfindlichen Hunden kannst du auch mit einem Softklicker anfangen. Dazu setzt du dich in entspannter Position vor deinen Hund auf einen Stuhl. Du betätigst den

Leckerlis und Klicker sind verstärkende Hilfsmittel beim Training.

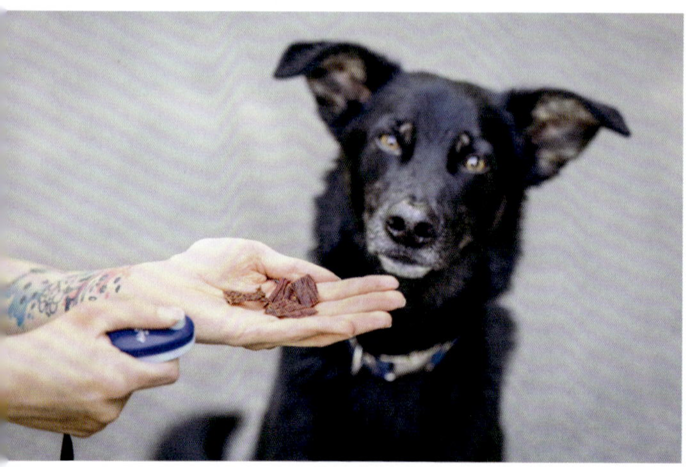

»Ziel des Free Shapings: eigene Ideen und die intrinsische Motivation des Hundes fördern.«

Klicker und gibst ihm direkt nach dem Klick ein Leckerli – einfach so, er braucht noch nichts dafür zeigen. Das wiederholst du zehn Mal. Durch eine kurze Geste gibt es eine kleine Pause. Ich nehme dazu beide flachen Hände und kreuze sie einmal vor meinem Körper, dazu sage ich „Pause“. Dein Blick darf dann auch gerne vom Hund weggehen.
So versteht dein Hund die beendete Kommunikation besser.
Nach ein paar Minuten schaust du deinen Hund wieder an (oder rufst ihn zu dir), nimmst den Klicker und wiederholst es weitere zehn Mal. Pause. Und noch eine dritte Wiederholung. Du solltest jetzt bemerken, dass dein Hund schon freudig auf das Leckerli nach dem Klick wartet.
3. Nimm einen Gegenstand dazu. Das können ein Eimer, Karton, Fußhocker o. ä. sein. Du schaust dir den Gegenstand staunend an, das Interesse deines Hundes soll so geweckt werden. Nun legst du den Gegenstand vor deine Füße auf den Boden und musst sehr schnell sein, denn das erste Erkundungsverhalten mit dem Gegenstand sollte bereits geklickt werden. KLICK – LECKERLI.
4. Unterstütze deinen Hund so wenig wie möglich. Lass ihn denken und arbeiten, auch wenn es mal länger

Jedes neugierige Verhalten wird durch den Klicker bestätigt und verstärkt.

Auch die Ideen zum Umgang mit einem Menschen können sehr gut verstärkt werden.

dauert. Du möchtest seine eigenen Ideen fördern, da darf nicht zu viel geholfen werden. Schaue ihm möglichst wenig in die Augen, denn es kann dazu führen, dass er denkt, mit dir kommunizieren oder kooperieren zu müssen. Er soll sich auf den Gegenstand und seine Ideen konzentrieren, dein Blick ist aus diesem Grund auch auf den Gegenstand gerichtet. Du kannst gerne bei der Übung lächeln, denn sie soll auch Spaß machen.

5. Klicke nun JEDE Idee, die dein Hund mit diesem Gegenstand zeigt: anschauen, anschnuppern, anstupsen, anpföteln, etc. Je fortgeschrittener dein Hund ist, desto mehr Ideen werden kommen.

6. Zeigt dein Hund nur noch eine Idee (z. B. das Anpföteln), dann setzt du den Klicker aus und wartest ab. Wieder geht ein spannungsgeladener Blick zum Gegenstand. Gerade ideenlosen Hunden fällt es zu Anfang schwer, neue Ideen und Verhaltensweisen auszuprobieren. Unterstütze durch den Klicker jeden Ansatz einer neuen Idee.

7. Es klappt gut und dein Hund hat mehrere Ideen am Gegenstand? Tausche die Gegenstände aus oder hole einen Menschen dazu. Es sollte eine Person sein, mit der er sich wohlfühlt und die selber keine Angst vor deinem Hund hat. Nun klickst du jedes Verhalten mit diesem Menschen.

So wachsen Hund und Mensch als Team zusammen und unterstützen sich gegenseitig.

8. Aus diesen Ideen kannst du jetzt auch ein abrufbares Verhalten formen, wenn du es möchtest. Meiner Hündin habe ich so das Abputzen der Pfoten auf einer Fußmatte beigebracht. Sie kratzte beim Free Shaping an dem Gegenstand, und ich gab dem Verhalten nach mehreren Wiederholungen einen Namen: PUTZEN. Nach einigen Übungseinheiten konnte ich das Verhalten abrufen. Für den Resilienzbereich reicht jedoch die Ideenförderung völlig aus.

9. Wenn es in reizarmer Umgebung gut klappt, dann probiere es draußen. Parkbänke, Baumstümpfe oder sonstige Gegenstände können hervorragend dafür genutzt werden, oder auch gruselige gelbe Säcke, Mülltonnen etc.

10. Feierabend ist Feierabend. Räume die Gegenstände und den Klicker weg, damit dein Hund nicht in einer Dauerschleife hängen bleibt.

KURZ GEFASST

Grundsätzlich gilt bei diesem Faktor: je mehr Ideen, desto besser. Dabei ist dieses Resilienzthema mit dem Zusatz „innerhalb der gesetzten Rahmenbedingungen"eng verbunden, damit der Hund und die Umwelt sich entspannt begegnen können.

Je mehr Ideen, desto mehr Strategien im Konflikt, desto weniger kapituliert das Stresssystem und lässt den Hund hilflos zurück.

Auch die Selbstwirksamkeit und Kontrollüberzeugung ist damit eng verbunden. „ICH KANN" funktioniert nur gut, wenn der Hund davon überzeugt ist, auf unterschiedliche Strategien zurückgreifen zu können.

5. Station:

Regeneration, Stressabbau, Körperarbeit, Sport

Dieses breite Feld zur Stärkung der Resilienz hat sowohl schützende (protektive) Faktoren wie auch eine regenerierende, vorbeugende und heilende Wirkung. Eine Arbeit in diesem Bereich hilft nicht nur dem Abbau von Stresszuständen, sondern schafft ebenfalls mehr Raum für die anderen Lernvorgänge der Resilienz.

So möchte kein Mensch seinen Hund im ganz normalen Familienalltag erleben.

Nero, den 1,5 Jahre alten, unkastrierten Schäferhundrüden kennst du bereits aus Kapitel 2 zum Thema Genetik und Persönlichkeit. Sein auffälliges Verhalten wurde von der Besitzerin Christin so beschrieben: Er verbellt Menschen und hegt ein starkes Misstrauen ihnen gegenüber, er zeigt Unsicherheiten in der belebten Umwelt und im sozialen Bereich. Autos an der Straße stressen ihn. Er ist ein Powerpaket auf vier Pfoten. Nero schläft oft unruhig und wechselt häufig die Schlafposition. Mit zunehmendem Alter wurde sein Verhalten offensiver, er ging auf den Reiz zu, statt von ihm weg. Christin schrieb auch, dass sie einen guten Einfluss auf Nero hat, ihre Kommandos werden sicher umgesetzt, und sie managt die Situationen stets, bevor etwas eskaliert. Bei der Analyse zeigt Nero sich im Einfluss von Christin kontrolliert. Ein gutes Bindungs- und Beziehungsverhalten liegt vor, Nero wendet sich in Stresssituation an die Besitzerin, die ihn entweder schützend aus der Situation holt oder ihm eine Anleitung gibt, wie er sich zu verhalten hat. Christins Wunsch ist: „Nero soll in sich stabiler werden. Er muss sich nicht über jeden Menschen freuen, doch die große Skepsis und das Misstrauen sollte sich etwas reduzieren. Er soll selbstsicherer und gelassener auf die Umwelt reagieren."

Was denkst du? Welche Resilienzfaktoren würden Nero helfen?
Auf jeden Fall bietet die 2. Station „Positive Grunderwartungshaltung, Optimismus, Heldentum, Sinnhaftigkeit" einen Mehrwert. So bekommt er durch das Mantrailing ein positives Bild seiner Umwelt und von fremden Menschen, die er suchen und finden muss. Die Selbstwirksamkeit und Kontrollmöglichkeit sind auch wichtige Punkte: Nero lernt, dass er selbst eine Situation verändern kann, indem er sich abwendet. Der Stressor geht dann oder lässt ihn in zumindest in Ruhe. Jeder dieser Faktoren bewirkte etwas, doch die große Veränderung kam mit einem regelmäßigen Sportprogramm. Da Nero ein Energiebündel ist und sein Mensch sehr sportlich, fand der Zughundesport bei den beiden einen Anklang. Am Fahrrad und an einem speziellen Gürtel für den Menschen durfte Nero in einem gut sitzenden Zughundegeschirr vorweglaufen und ziehen. Beim Aufbau fiel es ihm sichtlich schwer, vorne zu führen. Doch von Tag zu Tag wurde er sicherer. Bald konnten Konflikte eingebaut werden: So wurde an der stark befahrenen Straße gelaufen, ein dunkel gekleideter Mann kam aus dem Gebüsch, und es ging sogar an einer Schafherde vorbei. Seine Augen leuchteten vor und während der Beschäftigung und Christins Augen ebenfalls, sie hatten viel Spaß miteinander. Zu Hause schlief er ruhiger und tiefer. Dreimal die Woche gab es die sportliche Betätigung. Nach kurzer

Ob DogScooter, Bike-Jöring oder wie hier im Bild CaniCross, der Zughundesport spricht mehrere Ebenen der Resilienz an. Ein guter Aufbau und ein körperlich gesunder Hund, der Lust darauf hat, sind allerdings eine Voraussetzung.

Zeit wurde er merklich entspannter, Stressreaktionen waren kürzer und abgemildert. Die Besitzerin konnte sich immer mehr auf ihren Hund verlassen, der mit neuen Situationen gelassener umging. Bewegung stärkt nicht nur die Nerven, sie dient auch dem Stressabbau.

THEMA BEWEGUNG

Bewegung, in welcher Form auch immer, kommt fast allen Hunden sehr entgegen. Mehr noch: Sie sind dafür perfekt ausgestattet. Mit ihren speziellen Muskelfasern unterscheiden sie sich von vielen anderen Säugetierarten und haben in verschiedenen Testreihen eine unglaubliche Ausdauerleistung gezeigt. „Kaum zu ermüden" war das häufige Resultat, und Prof. Dr. Martin Fischer lieferte mit seiner groß angelegten Studie in seinem Buch „Hunde in Bewegung" 2011 die Begründung. Die Kombination aus speziellen Muskelfasertypen (Typ IIX-Fasern), der Verteilung dieser Muskeln im Körper plus der benötigten Versorgung mit Energie der Muskeln

Körperliche Betätigung geht auch gemäßigt und abgestimmt auf das Mensch-Hund Team. Dieses Team geht fast täglich mehrere Kilometer gemeinsam walken.

(eher durch Sauerstoff statt über Glykogen) machen aus dem Hund einen Ausdauerspezialisten.
Das ist bereits ein guter Grund, um für ausreichend Bewegung zu sorgen, denn die Hunde sind definitiv dafür geschaffen. Wobei es natürlich innerhalb der Rassen größere Unterschiede der körperlichen Konstitution gibt.
Aus Resilienzsicht kommen noch fünf weitere Gründe dazu:

1. Stressabbau durch Bewegung,
2. ein besseres Nervenkostüm durch sportliche Betätigung,
3. tiefere und erholsamere Schlafphasen zur Regeneration,
4. eine verstärkte Neubildung von Nervenzellen (Neurogenese) und
5. ein angstlösender und antidepressiver Effekt.

Auch für Tierheimhunde ist die Bewegung ein besonders wichtiger Faktor: Bei chronischem Stress kann eine erhöhte körperliche Aktivität wie am Fahrrad laufen vor den schädigenden Auswirkungen des Stresses schützen. Da Stress grundsätzlich eine Anpassungsleistung des Körpers ist, wird Energie zur Verfügung gestellt, die den Hund im Notfall schnell reagieren lässt (Flucht oder Kampf). Chronischer Stress, wie viele Tierheimhunde ihn erleben, führt zu einem hohen Energieniveau. Diese Tiere zeigen hyperaktives Verhalten, welches sich schnell festigen kann. So ist regelmäßige Bewegung eine gute Möglichkeit, Tierheimhunde zu unterstützen und zu schützen.
Falls dein Hund ein dünnes Nervenkostüm besitzt, hilft die sportliche Betätigung, die Nerven zu stärken. Laut einer Untersuchung, die bekannt als CSA-Hypothese ist, führt Ausdauersport zu kleinen Verletzungen in der Muskulatur. Der Körper nutzt dann die gleichen Prozesse, die er auch im Stresszustand anwendet. Er versucht, sich durch Ausschüttung verschiedener Hormone und Transmitter anzupassen. Ähnlich wie beim Stahlbadeffekt „härten“ diese kontrollierten Stresszustände ab. Der Hund zeigt nachfolgend abgemilderte Stressreaktionen. Allerdings gibt es noch keinen Richtwert, wie viel Sport nötig ist, um diesen Zustand verlässlich zu erreichen. Auch sollte die körperliche Verfassung dabei stets beachtet werden.
Aus dem Grund heißt es bei diesem Resilienzpunkt nicht nur „in der Ruhe liegt die Kraft“, sondern auch „mehr Kraft durch mehr (kontrollierte) Bewegung“. Das Wort „kontrolliert“ deutet bereits darauf hin, dass es sich bei der Bewegung nicht um den Balljunkie handelt, der abrupt startet und stoppt, sondern um längere, monotone Bewegungsabläufe, die bei Ausdauersportarten wie joggen, Fahrrad fahren oder wandern entstehen.

Dieses Mensch-Hund-Team stärkt auch regelmäßig die Resilienz durch Bewegung, das Handicap hindert daran nicht. Die beiden sind ein gut aufeinander abgestimmtes Team.

THEMA KÖRPERARBEIT

Physis verändert Psyche und Psyche verändert Physis. Der Körper und der Geist gehören zusammen. Die letzten Jahrzehnte der Forschung auf diesem Gebiet zeigen sogar: Sie gehören zwingend zusammen. Eine Veränderung der Gedankenwelt bewirkt vieles, doch wenn es gilt, so umfangreich wie möglich auf den Hund einzugehen, bringt es erst den langfristigen Erfolg, den Körper mit all seinen Vorgängen mit einzubeziehen. Der Begriff „Körperpsychotherapie" bekommt eine immer größer werdende Bedeutung und macht den Einfluss aufeinander deutlich. So scheint es endlich der Schlüssel zu sein, traumatisierte, depressive oder stark gestresste Menschen viel stärker unterstützen zu können. Diese Entwicklung zeigt sich ebenfalls in der Hundewelt. Vieles davon findet bereits Anwendung, ohne dass es in diesem Zusammenhang stand. Zur Physiotherapie ging es, wenn der Hund eine Verspannung oder ein Problem im Gangbild zeigte. Nebeneffekte wie einen entspannten Hund wurden dann auf die nun fehlenden Schmerzen geschoben. Was durchaus stimmt, doch kann auch ein Hund ohne Schmerzen mit einer passenden Physiotherapie sich in seinem Verhalten verändern. Verhaltensauffällige Vierbeiner werden oft begleitet von einem sogenannten „Muskelpanzer". Die Muskeln und Faszien reagieren auch auf die innere Verspannung, die negative Erlebnisse so mit sich bringen.

Körperarbeit bedeutet auch, eine Verbindung zum Hund herzustellen und fühlen, an welcher Stelle, welche Art der Berührung passend ist.

Natürlich ist es auch hier wichtig, nicht einfach alles einfach 1:1 von den Menschen auf den Hund zu übertragen. Denn wir Zweibeiner können ganz bewusst und zielgerichtet unsere Physis und Psyche trainieren, beispielsweise beim Yoga, QiGong oder Tai Chi. Als VagusYoga®-Practitioner binde ich auch die bewusste Ansprache des Nervensystems mit in die Yoga-Praxis ein. Ein sehr heilsamer wie wirksamer Effekt auf unser Stresssystem und der Regulation. Doch im Gegensatz zu uns, haben die Hunde noch einen ursprünglicheren Kontakt zu sich. Das kannst du täglich bei deinem Hund sehen: Die Vorderkörper-

Die größte Schwierigkeit sorgenvoller Hunde: sich bedingungslos und voller Vertrauen fallen lassen zu können.

tiefstellung nach dem Aufstehen, das Abschütteln nach stressigen Situationen, das laute Gähnen, das tiefe Seufzen, das lange und hörbare Ausatmen, wenn es in die Entspannung geht, und selbst das Zittern nach starkem Stress gehört zu einem natürlichen körperlichen Ausdrucksverhalten. Wir unterdrücken vieles davon, niesen nur leise, gähnen oft versteckt, recken uns nicht, wenn wir gerade mitten in einem Meeting sind, und das unkontrollierbare Zittern ist gar verpönt. So würde ein zitternder Mensch bei uns Mitgefühl oder die Frage aufwerfen, ob er krank ist. Dabei sind das alles Prozesse, die unser Körper gerade braucht. Diese ständige Selbstbeherrschung führt zu einer Verringerung unseres Körpergefühls. Die innere Stimme verstummt mit der Zeit. Das viel zitierte Bauchgefühl geht verloren, dabei sind Impuls- und Affektkontrolle sowie die Selbstbeherrschung durchaus wichtige Faktoren der Anpassung, doch in der westlichen Welt oftmals sehr stark ausgeprägt. Es bedarf hier einen gesunden Mittelweg zur Anpassung an die Welt und einen Zugang zu seinen eigenen Bedürfnissen. Unsere Hunde tragen diesen Mittelweg noch in sich, doch sind auch sie davon abhängig, was ihre Umwelt von ihnen verlangt.

EXKURS: RESILIENZ BEI WILDTIEREN

Der Stressforscher Levine nahm die Resilienz der Wildtiere unter die Lupe und machte eine erstaunliche Feststellung. Es gibt kaum traumatisierte Tiere in der freien Natur, zum Teil erleben sie ebenfalls großen Stress und zeigen doch kaum Merkmale eines Traumas. Wo geht die Energie des Kampfes und der Flucht hin? Nach dem Erstarren der Tiere war ein körperliches Zittern zu erkennen.
Es scheint einen Zusammenhang zwischen dem körperlichen Zittern und der Verarbeitung zu geben, eine Art der natürlichen Selbstheilung – eingerichtet von der Natur.
Auch Bessel van der Kolk schreibt in seinem Buch „Verkörperte Schrecken" davon, dass sich traumatische Erlebnisse wie auch starke Stresserlebnisse in den Muskeln und Faszien wiederfinden, wenn die Erlebnisse nicht verarbeitet und integriert werden. Auch die progressive Muskelentspannung nach Jacobson findet bereits seit Jahrzehnten Anwendung und gilt in Studien zur Stressreduktion als gut untersucht und bestätigt. Sie zielt genau auf diese Prozesse der Muskelanspannung und -entspannung ab. Weiterführend entstand daraus das bewusste muskuläre und neurogene Zittern, welches durch eine stärkere und längere Anspannung erreicht wird, also derselbe Prozess, den die Wildtiere durchlaufen, nur von uns bewusst eingesetzt.
Dieses Feld der Körpertherapie fließt mittlerweile in die vierte Welle der Resilienzforschung ein und wird noch weiter erforscht werden müssen.

Die derzeitige Studienlage sowie die Erfahrungen in der Praxis zeigen einen vielversprechenden Weg auf. Auch für unsere Hunde sind körperzentrierte Therapieverfahren sehr gut geeignet, um Traumata oder starken Stress zu verarbeiten. Wissende und spürende Hände

fühlen diese neuromuskulären Verspannungen am Hund. Die meisten Tierphysiotherapeutinnen wissen das schon lange, genauso wie die Tellington TTouch®-Methode bereits seit langer Zeit eine sehr gute Wirkung bei verhaltensauffälligen Hunden zeigt.

Wenn wir Hunde so umfangreich wie möglich unterstützen wollen, gehört die Körperarbeit genauso dazu wie alle erzieherischen und an der Lerntheorie angelehnten Prozesse. Gute Tierphysiotherapeuten können durch manuelle Therapien hier optimal unterstützen.

Obwohl Wildtiere einer ständigen Gefahr ausgesetzt sind, zeigen sie keine Merkmale für ein Trauma. Wirken hier natürliche Überlebensprozesse?

THEMA RUHE UND REGENERATION

Schlaf hält gesund und ist überlebenswichtig, fehlt er, kann es sogar zum Tod führen. Zu wenig davon führt allgemein zu Unruhe, mangelnder Konzentrationsfähigkeit und schwächt das körpereigene Immunsystem. In einer Untersuchung an der Hungarian Academy of Sciences (Bódizs at al., 2020) wurde festgestellt, dass nach stressauslösenden Situationen die Hunde schneller einschlafen. Der Körper holt sich somit die dringend benötigte Regeneration. Das passt ebenfalls zu der Hypothese der sportlichen Betätigung. Durch den „Stresszustand" des Sports schläft der Hund tiefer und schneller ein.

Normalerweise holt der Vierbeiner sich den Schlaf, doch das klappt nicht immer. Es gibt Hunde, die durch traumatische Erlebnisse und stark negative Lebenserfahrungen schlecht zur Ruhe kommen, oder bestimmte Typen, die wie Fritzi bei der 3. Station unserer Reise ein Problem mit der Selbstregulation haben. Wenn du solch einen Hund hast, besteht die Möglichkeit, dass du als Co-Regulatorin deinem Hund zu den wichtigen Erholungsphasen verhilfst. So kann eine positiv aufgebaute Boxenruhe dafür sorgen, dass er sich den Schlaf und die Ruhe holt, die sein Körper und Geist brauchen.

Wie viel Schlaf, Ruhe und Regeneration für deinen Hund nötig ist, hängt stark von seinem Stresstyp ab. Ist er generell gelassener und kann Reize und Konflikte gut verarbeiten, braucht es weniger Regeneration. Ein gesundes und normales Schlafverhalten wird oft mit 12 Stunden beim Hund beschrieben, sowie weitere 4 – 6 Stunde Ruhezeit, in der einfach nur in einer entspannten Stellung gedöst wird. Welpen brauchen längere Ruhezeiten, da sie wesentlich mehr Reize zu verarbeiten haben. Hundesenioren lassen es ebenfalls gerne ruhiger angehen.

Ätherische Öle

Eine weitere Möglichkeit, das Ruhe- und Regenerationsverhalten des Hundes zu fördern, ist die Arbeit mit äthe-

Ein gesunder Schlaf ist wichtig für die Regulation aller Zustände.

Ätherische Öle, hier in einem Roll-on, wirken direkt auf das emotionale Zentrum im Gehirn.

rischen Ölen. Dieser Zweig aus der Phytotherapie (Pflanzenheilkunde) bekommt eine immer stärkere Bedeutung. Auch wenn es noch weiterer Studien bei Hunden bedarf, zeigen die bisherigen Untersuchungen Vielversprechendes. Vor allem das ätherische Lavendelöl steht klar und deutlich für tiefere Schlafphasen und einer stark beruhigenden Wirkung. So zeigte eine Untersuchung an Tierheimhunden (Lis-Blachin M., 1999) eine signifikant veränderte Aufregungslage: In der Zeit der Beduftung gab es mehr Ruhephasen, weniger aufgeregtes Umherlaufen und weniger Bellen. Bei angstbedingter Aufregung ist eine Kombination aus ätherischem Orangenöl und Lavendel eine gute Möglichkeit.

Nasenarbeit

Auch durch die Beschäftigung über die Nasenarbeit kann man Ruhe und Regeneration fördern. Ein ruhig aufgebautes Mantrailing oder die Zielobjektsuche ZOS® sind sehr förderlich für das konzentrierte Arbeiten, dem Stressabbau und nachfolgend tiefen Schlafphasen. Es ist eine Art Meditation für den Hund – ich nenne es gerne scherzhaft Schnüffelmeditation. Wenn beim Aufbau der Beschäftigung viel Wert auf Ruhe gelegt wurde, zeigen sich selbst die aufgeregtesten Hunde bei und nach der Nasenarbeit konzentriert und entspannt.
Eine Studie (Lori & Kogan et al., 2012) zeigt ebenfalls auf, dass sich klassische und ruhige Musik positiv auf das Verhalten der Hunde in einem Tierheim auswirkte, wohingegen das Abspielen von Heavy Metal-Musik zu einer gegenteiligen Wirkung führte.
Insgesamt können alle Sinneseindrücke das Nervensystem deines Hundes beruhigen, wenn du die Möglichkeiten dazu passend einsetzt.

THEMA ENTSCHLEUNIGUNG

Aus dem Hamsterrad auszusteigen und in die Entspannung zu gehen, fällt vielen Menschen schwer. Zu tief sind wir verankert in den alltäglichen Prozessen – zwischen Arbeit und Freizeit, Kindern und Chaos. Da stehen unsere Hunde oft wie ein Mahnmal, endlich wieder die Natur zu genießen und uns auf das Hier und Jetzt zu konzentrieren. Und tatsächlich bewirkt der Gang in die Natur viel Positives in dem Bereich Entschleunigung und Stressabbau. Den Blick ins Grüne werfen, den Wald mit allen Sinnen wahrnehmen und die Luft inhalieren wirkt auf unseren Körper und Geist positiv. Nachweisbar sinken der Cortisolwert, Blutdruck und die Herzfrequenz. Die Atmung wird tiefer und die Schleimhäute regenerieren. Depressive Zustände verbessern sich signifikant, wie eine Metastudie der Forschungsgruppe an der Seoul National University (Hansen, M. et al., 2017) herausfand. Shinrin Yoku nennen die Japaner diese dort anerkannte Therapieform, „Waldbaden“ ist die deutsche Übersetzung. Die Wirkung beschränkt sich nicht nur auf die Waldluft, sondern auch auf die Optik des Waldes und der Akustik wie Vogelgesang, Laubrascheln oder einen plätschernden Bach. Was liegt also näher, als mit deinem Hund einen achtsamen Spaziergang durch den Wald zu unternehmen? Diese schlichte und einfache Möglichkeit der Entschleunigung zeigt sich auf vielen Ebenen bereichernd. Ich kombiniere gerne meine Yogastunden mit dem Inseltraining im Wald. Die Hunde üben sich in der Selbstregulation auf der Decke, während wir Zweibeiner ebenfalls an unserer ausgeglichenen Mitte arbeiten.

Dog'n Yoga – Inseltraining trifft auf VagusYoga® – ein gutes Team für die Regulation emotionaler Zustände.

Doch wie sieht das Thema Entschleunigung konkret bei unseren Hunden aus? Eigentlich leben sie doch viel eher im Hier und Jetzt als wir, haben weniger Alltagssorgen im Kopf und stehen nicht in der Verantwortung, die Brötchen zu verdienen. In diesem Buch bist du bereits auf einige Hunde gestoßen, die in diesem Bereich nicht gut aufgestellt sind. Sie tragen Sorgen in sich und besitzen keine ausreichende Stress- oder Emotionsregulation. Vielleicht ist auch dein eigener Hund weit entfernt von dem Thema Entschleunigung. Was kann solchen Hunden im Alltag helfen? Auf jeden Fall darf eine Reflektion der Thematik „Erwartungshaltung und Beschäftigung" stattfinden. Weniger ist für solche Hunde einfach mehr. Es braucht kein Feuerwerk an Beschäftigungsmöglichkeiten, die das aufgeregte System weiter anheizen. Gemeinsam einen schönen Waldspaziergang genießen, beruhigt auch die Nerven des Hundes. „Shinrin Yoku mit dem Hund", das achtsame Waldbaden, ist auch in dem Bereich eine gute Möglichkeit.

Ein Waldspaziergang pustet den Kopf frei und hat eine positive Auswirkung auf den Organismus.

Falls du einen sehr aufgeregten Hund hast, der auch im Wald unter Dauerstrom steht, hilft es, ein wenig vorzuarbeiten. „Meditatives Pylonenlaufen" nenne ich gerne die Vorarbeit bei sehr aufgeregten Hunden. Dabei geht es in sicherer Umgebung um ca. sechs Pylonen im Slalom und das mindestens 20 – 30 Minuten. Der Mensch läuft dabei achtsam mit seinem Hund in einer sehr ruhigen und wohlwollenden inneren Haltung im Slalom. Die Kommunikation ist auf ein Minimum reduziert und findet, wenn nur im ruhigen Bereich statt. Keine Leckerlis oder andere Verstärker werden eingesetzt, es geht ausschließlich darum die Erwartungshaltung zu reduzieren und zeitgleich in der Bewegung den Stress abzubauen. Es ist eine subtile und feine Arbeit, bei der jede Berührung und jeder Blickkontakt bewusst und achtsam eingesetzt wird. Mit dieser geleisteten Vorarbeit kann es dann in Ruhe in den Wald gehen. Die Arbeit mit einem Halti (Kopfhalfter) ist übrigens in diesem Bereich eine gute Methode der Entschleunigung. Tellington TTouch® bietet dazu die Bodenarbeit an, La-Ko-Ko® zeigt ebenfalls die Wege der Ruhe auf. Halti-Arbeit ist Feinarbeit auf hohem Niveau und sollte gut angeleitet werden. Zeigt dein Hund keine großen Themen in dem Bereich, kann auch ein einfacher Bummelspaziergang der Entschleunigung dienen. Ohne Auftrag oder extra Bewegungs- und Trainingseinheiten geht es langsam und entspannt durch die Welt. Interessant ist es auch, dich von deinem Hund einmal führen zu lassen. Vielleicht landet ihr einmal ganz woanders?

6. Station:

Anpassungsfähigkeit, Rollen- und Aufgabenklarheit

Es braucht ein gewisses Maß an Anpassungsfähigkeit des Hundes, um in einer Gesellschaft und in deinem Alltag integriert zu sein. Als soziales Lebewesen ist das ein tiefsitzendes Bedürfnis, wonach Hunde generell streben. Allein durch die Domestikation ist der Wunsch sozusagen in die Wiege gelegt. Der Mensch kann hier unterstützen.

Das fängt bei der Züchterin an, die auf das passende Temperament bei der Weitergabe der Gene achtet und geht über die Auswahl der geeigneten Rasse weiter, außerdem sorgt die Sozialisierung und Erziehung für ein angepasstes Verhalten. Du hast bestimmt schon den Spruch „der Stärkste überlebt" gehört. Das ist eine eigentlich falsche Übersetzung des berühmten Zitats des Soziologen Herbert Spencer. Er meinte mit „Survival of the fittest" eigentlich, dass der Angepassteste überlebt. Die Natur und ihre Lebewesen zeigen uns seit vielen Millionen Jahren sehr deutlich, dass diese Aussage genau so stimmt. Die Domestikation des Haushundes hatte kein anderes Ziel als eine Anpassung an uns Menschen. Dem kommen die Hunde ebenfalls seit vielen tausend Jahren verlässlich nach. Es gibt kaum ein anderes Lebewesen, was sich so auf uns abgestimmt hat wie der Hund. Die Resilienz bezieht sich nicht nur auf die inneren Faktoren der Stabilität, sondern ebenfalls auf die äußeren Faktoren, um den Fortbestand zu sichern und die sozialen Bedürfnisse zu stillen. Hunde haben als soziale Lebewesen ein tief sitzendes Anliegen, Anschluss zu finden. Dabei hilft ihnen die Anpassung. Auch in einem Tierheim findet ein Vierbeiner eher seinen Menschen, wenn er sich

Angepasste Hunde finden Anerkennung in der Gesellschaft. Unsere Therapiehunde des Deutschen Roten Kreuzes bekommen viel Zuspruch und haben als Anerkennung der Teamleistung bereits den Niedersächsischen Ehrenamtspreis gewonnen. So finden diese Tiere ihre Akzeptanz und werden als bereichernd wahrgenommen.

angepasst verhält. Viele Langzeitinsassen in den Tierheimen geben der These leider recht. Sie sind in dem Bereich eher nicht gut aufgestellt. Manchmal liegt es an deren anspruchsvollen und eigenständigen Wesen, doch viel öfter daran, dass die Erziehung oder Erwartungshaltung nicht passend zum Hund waren. Die oft zitierte Impulskontrolle und die Erhöhung der Frustrationstoleranz, damit der Hund durch den Alltag gut geführt werden kann, ist nichts anderes als eine vom Menschen verlangte Anpassungsleistung des Hundes.
Kurz gesagt: Anpassung führt zur Annahme und zur Integration. Dabei kannst du deinen Hund ganz konkret unterstützen, indem du klar und deutlich vorgibst, in welchem Rahmen er sich bewegen darf und wie er sich in deinem Alltag einfügen soll – natürlich immer unter Beachtung und Annahme seiner Persönlichkeit und seines Wesens. Welche Rolle gestehst du ihm zu? Soll er der Bewacher des Grundstücks sein? Dann darf er bellen, wenn andere Menschen vorbeigehen. Oder möchtest du das nicht, weil ihr in einem dicht besiedelten Wohngebiet wohnt und Anwohner sich beschweren? Dann ist es dein Auftrag, deinem Hund diese Regel zu vermitteln und ihm die Rolle des Hüters des Grundstücks zu nehmen. Das fängt

übrigens oft damit an, welchen Raum wir für welches Verhalten freigeben, also in dem Fall, den Hund von Anfang an unbeaufsichtigt in den Garten zu lassen, wo er dem Auftrag seinen Anlagen entsprechend nachkommt.
Frühzeitig kannst du Wert darauf legen, dass dein Hund sich an bestimmte Regeln hält, sich also anpassen soll. Nebenbei schulst du damit auch, wie bereits geschrieben, die Frustrationstoleranz, Impulskontrolle und Selbstregulation. So fasst jeder Resilienzfaktor wie ein Zahnrad ins andere, um das komplette System der Resilienz am Laufen zu halten.

DER STRESS MIT DER EIGENVERANTWORTUNG

Gehört dein Hund zu den souveränen und gelassenen Hunden, dem man Verantwortung übertragen kann? Wunderbar, dann brauchst du in diesen Bereich viel weniger einwirken. Oder vielleicht hast du hier bereits so gut eingewirkt, dass du deinem Hund gewisse Entscheidungen überlassen kannst. Dann wäre es wie bei Bella und Leo am Anfang des Buches.

Oder gehört dein Hund eher zu der Kategorie „aufgeregter Umgang mit neuen Situationen und Konflikten“? Dann darfst du noch mal schauen, wieviel Verantwortung du ihm überlässt, denn Eigenverantwortung kann stressen, vor allem wenn der Hund nicht ausreichend Lösungen an der Hand, also an der Pfote hat. Wie wäre die Situation mit Bella und Leo ausgegangen, wenn beide die auftauchenden Hunde angegriffen, den Pulk an Menschen verbellt hätten und das Kind, welches auf Leo gefallen ist, gebissen worden wäre? In dem Szenario hätte Lilly von vornherein ganz anders handeln müssen. Sie hätte die Hunde rechtzeitig aus der Verantwortung nehmen müssen, damit es 1. nicht eskaliert und jemand zu Schaden kommt, 2. ihre Hunde den Stress nicht haben und 3. sich die Situationen als Lernvorgänge nicht weiter abspeichern. Lilly hätte nicht entspannt auf ihrer Luftmatratze liegen dürfen, sondern sich mit ihren angeleinten Hunden am Strand befinden müssen. Sie hätte entweder die Situationen als Training mit einem vorher erstellten Konzept im Kopf nutzen können, oder wäre, weil sie heute keine Lust oder Zeit zum Training

So niedlich sie aussehen, auch kleine Hunde wollen ernst genommen werden und haben ihre ganz eigenen Ansichten zu manchen Themen.

»Freiheit und Verantwortung sind vor allem für die Hunde geeignet, die damit umgehen können. Andere brauchen in dem Bereich mehr Begleitung.«

hat, allen Konflikten weitestgehend aus dem Weg gegangen.
Wenn dein Hund noch nicht stabil genug ist, eigene und angemessene Entscheidungen zu treffen, hast du die Möglichkeit, in der Situation mit einem Konzept und außerhalb der Situationen an den Resilienzfaktoren zu arbeiten. Management und Training – das sind die beiden Schlagwörter, die hier zusammenkommen. Wo kann ich managen, wann trainieren, und in welchen Bereichen muss ich dem Hund und mir noch mehr Abstand ermöglichen?

1 Trotz dem ausgeführten Sitz steht hier der Hund in der Verantwortung und in dem Raum, den anderen Hund zu beurteilen. Die Wahrscheinlichkeit ist hoch, dass er beim Näherkommen des anderen Hundes das eingeforderte Sitz verlässt.

2 Der Husky geht in das fixierende und abwartende Liegen.

3 ... und los. Der Mensch hat hier gerade keinen Raum im Denken und Handeln des Hundes. Daraus kann je nach Sicherheit ein unerwünschtes Verhalten entstehen, beispielsweise die klassische Leinenaggression.

1

2

3

1

2

1 Ein typischer Charakterkopf: Wo Terrier draufsteht, ist auch ein Terrier drin!

2 Starke Hundepersönlichkeiten brauchen klare Formulierungen und einen Menschen, dem sie das auch abnehmen.

AKZEPTANZ DER RAHMENBEDINGUNGEN

Ein vom Typus angepasster Hund macht es dir leichter. So braucht es bei sogenannten leichtführigen Hunden weniger an Führkompetenzen, da die Eigenmotivation nicht so stark ausgeprägt ist. Anders sieht es bei solchen mit einer hohen inneren Motivation aus. Charakterköpfe ist die liebevolle Bezeichnung, doch in manch dunkler Stunde mag man auch mal „Sausack" denken. Bei diesen starken Hunden oder denen, die Lernerfahrungen machen durften, ihre Motivation immer und überall durchzusetzen, wird es viel um die Akzeptanz deiner Rahmenbedingungen und Grenzen gehen. Oft erlebe ich, wie sich der Alltag zu Gunsten der Harmonie gestaltet. Der Hund knurrt zwar beim Pfoten abputzen, aber so schlimm ist das nicht. Er bleibt zwar nicht auf dem Platz, wenn es klingelt, ist aber auch verständlicherweise sehr aufgeregt. Ich kenne dieses Bagatellisieren selbst. Es ist eine Form des Selbstschutzes, sich mit der Situation nicht auseinandersetzen zu wollen. Doch dann gibt es ein Thema, das sehr stört: Der Hund zeigt draußen eine Leinenaggression. Und genau hier soll jetzt das Training ansetzen und sich eine Lösung einfinden. Nach meiner Erfahrung wird das nicht einfach, denn an der generellen Akzeptanz deiner Rahmenbedingungen arbeitest du außerhalb des Konflikts. So kannst du dann in diesem ernten, was du gesät hast, d. h., es geht an die unliebsamen Themen zu Hause, die man im Zuge der Harmonie vielleicht umschifft hat. Das „Sitz" bedeutet „Sitz", auch wenn es an der Tür klingelt und der Lieblingsmensch mit den besten Leckerlis dort steht.

„Sei hart zur Sache, aber weich zum Hund" schrieb vor einiger Zeit der Hundetrainer C. Boysen auf seiner Internetseite. Besser kann ich es nicht ausdrücken, weswegen ich dieses Zitat sehr gern übernehme. Das Wort „hart" kann auch durch konsequent oder deutlich ersetzt werden. Genau darum geht es, wenn du dich auf die Sache beziehst, wie beispielsweise das verbindliche Sitz in einer bestimmen Situation. Du vermittelst mit aller Konsequenz und Deutlichkeit diesen Rahmen. Und trotzdem kannst du deinen Hund dabei liebevoll, fürsorglich und wohlwollend betrachten und begleiten. Das eine schließt das andere nicht aus. So entsteht auch keine Schieflage in eurer Beziehung durch das Setzen von Grenzen. Eine Befürchtung, die viele Hundehalterinnen haben, wenn sie Grenzen setzen möchten. Das kann durchaus passieren, wenn du diesen Satz umdrehst: Sei hart zum Hund und weich (nachlässig) zur Sache. Hier würde eure Beziehung und Bindung leiden.

DIE KRUX MIT DEM NEIN

Wenn ich ein Thema in der Hundeschule nennen müsste, welches die größte Schwierigkeit in der Umsetzung bedeutet, ist es dieses Wort und der Sinn dahinter. Von zu hart bis vermeidend habe ich alles gesehen. Beide Richtungen gingen zu Lasten des Hundes. Warum bereitet das Nein nur

1 Mit klarer Führung und liebevoller Konsequenz lassen sich auch starke Persönlichkeiten führen.

2 Eine klare Führung schließt den Spaß und die Freude nicht aus.

WAS SIND FÜHR-KOMPETENZEN?

Klares und deutliches Denken und Handeln

Ein Ziel vor Augen haben

Wohlwollend und wissend agieren

An sich und seine Vorgaben glauben

Eine passende innere Haltung (führen wollen)

Fürsorgendes Verhalten

Bedürfnisse erkennen

Umsichtig und vorausschauend handeln

Innere Leichtigkeit

Flexibel auf Situationen reagieren

Verantwortungsübernahme

Klare Kommunikation (sich für den Hund verständlich ausdrücken)

Lösungsfokussiert sein

Sich auf die Sache beziehen, nicht auf den Hund

solche Probleme? Ich habe den Eindruck, dass dieses Wort sehr stark emotionalisiert ist. Ihm haftet etwas Negatives an, und manchmal höre ich auch, dass mit dem Nein immer Gewalt mitschwingen würde. So einseitig beschrieben ist es schlicht und einfach verkehrt. Es beinhaltet die Frage, mit welcher Motivation ein Mensch das Nein formuliert und was das Ziel und die Ausrichtung dahinter ist. In einer sozialen Beziehung und Bindung hat ein Nein Raum und Platz, gibt Sicherheit und Klarheit. Es ist genauso wichtig wie das wohlwollende und liebevolle Ja. Selbst bei positiv aufgebauten Kommandos, die auch bei einer anderen Motiva-

Gerade mit stark jagdambitionierten Hunden lässt sich gut mit einer klaren Haltung arbeiten. Unter bestimmten Rahmenbedingungen dürfen und sollen sie ihre Bedürfnisse ausleben. Das klappt vor allem durch viel Wissen und einer konsequenten Haltung.

tion seitens des Hundes wirken sollen, schwingen eine Verbindlichkeit und ein Nein in der Körpersprache mit. Einem sozialen Lebewesen nicht sozial begegnen zu dürfen, stattdessen mehr Wert auf Timing und den korrekten Einsatz von Hilfsmitteln wie Klicker und Leckerli zu legen, wäre langfristig antisozial und versperrt einen natürlichen Zugang, der seit Jahrtausenden gewachsen ist. Was übrigens nicht bedeutet, dass diese Hilfsmittel als Brücke in bestimmten Situationen eine sehr wertvolle Möglichkeit sind. Aus Resilienzsicht gibt das Nein Sicherheit und klärt die Rahmenbedingungen. So lang es verständlich und klar vorgetragen wird, steht dem Anwenden dieser Verbindlichkeit nichts im Wege.

Umlenken und Ablenken

Und was ist mit dem aktiven Um- und Ablenken? Im Sinne der Resilienz kann mit diesen Strategien der Vermeidung des direkten Konflikts zeitweise auch gearbeitet werden, je nachdem, wie stabil dein Hund ist. Ist er beispielsweise sehr emotionalinstabil und hat viele Themen, die es zu bearbeiten gilt, kann und sollte man sogar manche Situationen umschiffen. So kann es Sinn machen, erst mal an dem Vertrauensaufbau zu arbeiten. Doch langfristig werden neue Handlungen und ein gelassener Umgang mit Konflikten nicht in der Vermeidung gelernt. Es kann sogar sein, dass eine Vermeidung unter bestimmten Bedingungen (vorrangig bei Ängsten) zu einer negativen Verstärkung des Verhaltens führt (Zwei-Faktoren-Modell nach Mowrer). Lediglich die perfekte Vermeidung, also wirklich nie wieder den auslösenden Reiz zu erleben, ruft eventuell eine Veränderung hervor. Doch das gibt in fast allen Fällen das Leben nicht her.
Grundsätzlich lassen sich viele Hunde mit liebevoller Konsequenz wunderbar leiten. Seine Wut an denselben abzulassen, zeugt von Verzweiflung. Tierschutzwidrig sollte heutzutage kein Hundetraining mehr sein. Doch das Thema Grenzen setzen und Rahmenbedingungen klären, heißt auch den Hund Frust erleben lassen. Ein „Nein“ ist nicht frust- oder stressfrei – soll es auch nicht, denn Frust und Stress gehören bis zu einem gewissen Grad im Leben dazu.
Einen Satz zu diesem Thema habe ich dabei immer im Kopf: „Wäre der Wald vergiftet, würde nie wieder ein Hund im Wald jagen!“. Dieser Satz versinnbildlicht die Wichtigkeit deiner Gedanken und Haltung zu dem Thema Grenzen setzen und Rahmenbedingungen klären.
Hier möchte ich in diesem Kapitel ansetzen – nämlich bei deinen Gedanken. Die Techniken zu diesem Resilienzfaktor musst du für dich finden. Was kannst du leisten, authentisch vertreten und was braucht dein Hund? Viele Faktoren, die es gilt individuell zu betrachten und zu begleiten.

KURZ GEFASST: ANPASSUNG

Die Rahmenbedingungen und deren Akzeptanz sind entscheidend für die Anpassung deines Hundes an dich und seine Umwelt. Der Rahmen sollte im Sinne der Resilienz so gesteckt sein, dass dein Hund die Möglichkeiten der Entfaltung hat und natürliche Verhaltensweisen Raum haben. Ein zu starkes Kontrollverhalten seitens des Menschen engt den Raum zu sehr ein. Inkonsequente oder für ihn nicht lesbare Rahmenbedingungen können Unsicherheit schaffen oder den Raum zu stark öffnen für natürliche Verhaltensweisen wie das Jagen oder sich mit Aggression durchsetzen. Mehr als bei jedem anderen Resilienzfaktor gilt es hier, den so schwierigen goldenen Mittelweg zu finden.

ANREGUNG

Nimm dir einen Zettel und schreibe Regeln auf, die dir für euer Zusammenleben wichtig sind. Ordne sie nach Priorität. 1. hat die höchste Priorität, 10. die niedrigste.

1. ______________________________

2. ______________________________

3. ______________________________

4. ______________________________

5. ______________________________

6. ______________________________

7. ______________________________

8. ______________________________

9. ______________________________

10. ______________________________

Jetzt überlege zu jedem einzelnen Punkt, wie du deinem Hund diese Regel „erklärt“ hast. Eventuell bedarf es einer neuen und deutlicheren Erklärung? Du kannst dir auch zu jedem Punkt überlegen, was er stattdessen tun soll, beispielsweise: Statt im Garten am Zaun zu bellen, soll er lieber in deinem Nahbereich auf der Terrasse liegen.
Die letzten drei Regeln mit der höchsten Priorität sind nicht diskutierbar und sollten jederzeit und immer gelten. Du formulierst sie in deinem Kopf und achtest so frühzeitig wie möglich auf Einhaltung.
Die Entscheidung triffst du. Hast du eine Regel nicht klar formuliert, ist es nicht die Schuld des Hundes, wenn er sie nicht einhält. Er hat sie schlicht und einfach nicht verstanden oder nicht als ernste Forderung und Verbindlichkeit wahrgenommen.

Manche Hunde brauchen ein sehr kleinschrittiges Vorgehen, vor allem, wenn der Bereich der Impulskontrolle und Selbstregulation noch nicht weitreichend ausgebaut ist.
Das Ziel sollte immer ein Miteinander mit klaren Regeln und Grenzen und kein Gegeneinander sein. Du wirst es schnell merken, wenn dein Hund deine Rahmenbedingungen respektiert und akzeptiert. Dein „Nein“ kann immer weicher und feiner werden, sodass ein kurzer Blick und ein Wort ausreichen, um eine Grenze oder ein von dir ungewolltes Verhalten zu unterbinden oder eine weitere Ansprache gar nicht mehr nötig ist, weil dein Hund sich an den Rahmen hält. Wird dein Nein hingegen immer härter, kann es zu einer Schieflage zwischen dir und deinem Hund kommen.

7. Station:

Das soziale Auffangnetz: der Mensch

In den meisten Kapiteln spreche ich von einem Training mit deinem Hund. Automatisch gibt es den Fokus auf ihn und sein Verhalten. Wie du sicher schon festgestellt hast, bist du jedoch als Bindeglied und Dreh- und Angelpunkt für deinen Hund extrem wichtig.

Das tägliche Miteinander ist viel mehr als ein Training, es ist ein Austausch von Gefühlen, Denkweisen und Erwartungshaltungen und vor allem Kommunikation und damit eine sehr komplexe Geschichte. Denn in diese Kommunikation fließt dein „Menschsein" stets mit ein, das was du bisher erlebt hast, so wie du in deiner Resilienz aufgestellt bist und dein Umgang mit Konflikten. Der so auf den Mensch geeichte Hund passt sich dir an. Er lernt von dir, er bekommt deine Stimmungen mit und stimmt sein Verhalten auf dich ab. Je emotional stabiler der Mensch, desto besser ist der Hund auch in seinem Stressmanagement aufgestellt (Schöberl 2017). Doch nicht jeder Hund lässt sich von der Stimmung des Menschen beeinflussen. Unabhängige und weniger

Die nordischen Rassen zeigen sich weniger beeinflussbar.

Der hochgradig kooperationsbereite Australien Shephard lässt sich eher von der Stimmung des Menschen beeinflussen.

kooperationsbereite Rassen zeigen sich wesentlich stabiler gegenüber der Übertragung von Stress (Höglin, 2021).
Eine der spannendsten Reisen, die ein Mensch machen kann, ist die Reise zu sich selbst. Doch der Weg ist oft steinig, unwegsam und erscheint sehr weit. Vor diesem Kapitel hatte ich ein wenig Sorge, denn als Stress- und Resilienzcoach weiß ich, wie komplex und tiefgehend die Themen der Menschen sind. Das alles abzukürzen und für dich gewinnbringend im Wissensbereich aufzuarbeiten, stellt eine Herausforderung für mich dar. Mein Ziel ist es, dir in diesem Kapitel aufzuzeigen, wie wichtig du für deinen Hund bist, aber auch dir Mut zu machen, dir selbst etwas zuzutrauen. Bei all der Komplexität kann man schnell ehrfürchtig davorstehen und denken, diesen Berg nicht schaffen zu können. Dein Hund verzeiht dir große und kleine Fehler. Sehe deinen Hund gern als dein Lerngeschenk an, der dir diese Möglichkeit der Reise schenkt. Jede Erfahrung miteinander ist eine gute Erfahrung. Sei nicht zu hart zu dir selbst.

DAS DING MIT DEN EMOTIONEN

Die gegenseitige Bindung steht bei diesem Thema als Überschrift: Ich darf mich zeigen wie ich bin und erfahre Annahme, Liebe und Zuneigung. Es ist eine bedingungslose Wertschätzung. Manchmal stehen uns hier Emotionen im Weg wie Ärger, Wut, Frust oder Scham.
Ärgerst du dich manchmal über deinen Hund? Das ist völlig normal. So lang der **Ärger** nur kurz anhält und du danach es wieder schaffst, eine positive Sicht eures Miteinanders zu erhalten, braucht es keine Veränderungen. Hält dein Ärger länger an, beeinflusst er den Umgang mit deinem Hund, dann ist hier ein Bedarf zur Selbstreflektion. „Warum ärgere ich mich eigentlich?“ Sehe die Emotion zuerst einmal als etwas Positives an. Gefühle wollen gefühlt werden und Emotionen gesehen: Was teilt dein Ärger dir mit? Ärger wird oft als „Hüter der Werte“ bezeichnet. Hast du Werte und Ansprüche, die von deinem Hund nicht erfüllt werden (können)? Das Wort in den Klammern bietet dir eine Hilfestellung, denn die nächste Frage ist: Kann dein Hund diese Werte und Ansprüche erfüllen?

Kennst du das Gefühl des **Schams**? Ich kenne es. Als ich vor vielen Jahren einen Hund aus dem Tierschutz zu mir geholt hatte und dieser junge hyperaktive Hund nach einiger Zeit zeigte, dass ein tief sitzendes Trauma ihn begleitete. Ich habe mich anfangs oft geschämt. Sprüche wie „Warum zeigt dein Hund sich denn so, du bist doch Hundetrainerin?“ oder der nett gemeinte Spruch eines Kollegen „Mit dem Hund würde ich nur abseits von den Wegen gehen, das wirft ein

»Gefühle wollen gefühlt und Emotionen gesehen werden. Sie treffen eine Aussage zu unseren Befindlichkeiten.«

Das menschliche Gefühl der Dankbarkeit ist ein intensiver Zustand, der sich langfristig positiv auf unsere Lebenseinstellung auswirkt.

Die Wertschätzung für dich und deinen Hund ist ein hohes Gut.

schlechtes Licht auf dich!" taten ihr Übriges. Scham ist ein sehr besonderes Gefühl, es geht einher mit den Gedanken der eigenen Fehlerhaftigkeit und hängt mit der Angst des Verlustes der Zugehörigkeit zusammen. Scham wird auch als Gegner der Selbstreflektion bezeichnet, weil es bedeutet, dass du dich mit deinem Selbstwertgefühl tiefer beschäftigen musst, was viele nur sehr ungern tun. Doch wenn du die Mechanismen deines Schamgefühls erkennst, löst sich vieles auf – das Selbstwertgefühl steigt. So kannst du dir bewusst Fehler zugestehen und außerdem dich auch bewusst gegen eine Ausgrenzung entscheiden und zu deinen Schwächen stehen. Allein diese Gedanken machen den Weg frei für eine andere Herangehensweise. So wurde mein schwieriger Hund mein persönliches Lerngeschenk. Er bereicherte mich, ich konnte mich durch ihn weiterentwickeln und er fing an sich zu verändern. Ab einem bestimmten Zeitpunkt hatte ich das Gefühl, dass es kein Training mehr bedarf, er war für mich perfekt so wie er war. Gewachsen in seiner Resilienz passte er wunderbar in meine Welt. Er starb kurz nach diesem Zeitpunkt überraschend an einer Magendrehung.

Auch wenn es sich etwas esoterisch anhört, war mein Gedanke: „In dem Moment, als ich das Geschenk als solches annahm, wurde es mir wieder genommen. Er hatte seinen Auftrag wohl erfüllt!" Es war ein heilsamer Gedanke, und ich bin diesem Hund bis heute dankbar für diese Erfahrung.

Gefühle und Emotionen leiten uns. Das ist menschlich und gehört zu uns. Wenn wir sie annehmen und ihnen zuhören, erzählen sie eine Menge über uns und machen den Weg frei für eine Weiterentwicklung. So kann auch unsere Resilienz wachsen.
Dankbarkeit ist übrigens eines der mächtigsten Gefühle und lässt andere dafür in den Hintergrund treten. Ein tägliches Mini-Feedback kann hier Wunder bewirken. Für was kannst du heute bei deinem Hund dankbar sein? Du darfst es ihm gerne sagen, auch wenn er es nicht versteht, es schafft dir ein Bewusstsein, den Blick auf die positiven Seiten zu lenken. Neurobiologisch ist das äußerst sinnvoll, denn so machst du dein Gehirn stärker und empfänglicher für die positiven Signale mit all ihren zufriedenheitsfördernden Hormonen und Prozessen. Für was bist du dir heute dankbar, welche Unwegsamkeiten hast du heute geschafft? Das muss nicht der „ich habe die Welt gerettet"-Gedanke sein, sondern darf gerne viel kleiner ausfallen. Wer schon einige Schicksalsschläge erfahren hat, ist oft über eigentlich selbstverständliche Dinge dankbar – morgens die Augen aufzuschlagen und zu atmen, gehen oder laufen zu können, ein warmes Zuhause, essen bis man satt ist u. v. m. Und wer weiß, dass sein Hund nicht mehr lange bei ihm sein wird, weil er sehr krank oder alt ist, empfindet Dankbarkeit für jeden einzelnen Tag des Zusammenseins. Dankbarkeit hat viel Platz in unserem Leben und nimmt den negativen Gefühlen den Raum, überpräsent zu werden.

Selbst wenn dein vierbeiniger Freund sich mal nicht passend verhält und du mit all deiner Wertschätzung eine klare Grenze formulierst, signalisierst du ihm damit, dass sein Verhalten nichts an eurer Beziehung verändert. So kann er dir auch weiterhin vertrauen und auf dich bauen. Wichtige Bindungselemente bleiben bestehen.
Vielleicht hilft es dir, die Bedürfnisse deines Hundes zu erkennen, die hinter seinem Verhalten stecken. Wenn du verstehst, warum er so handelt, haben negative Emotionen wie Frust, Ärger und Wut viel weniger Raum. Du wirst erkennen, dass dein Hund nicht aus Absicht so ist.
All das hat viel mit der Beziehung und mit dem großen Bereich der Bindung zu tun.

»Dankbarkeit hat viel Platz in unserem Leben und nimmt den negativen gefühlten Raum, überpräsent zu werden.«

BINDUNG UND SICHERHEIT

Zu dem Thema Bindung fange ich mit einem Sinnbild an: Stelle dir vor, du würdest auf einem Drahtseil balancieren, du schaust nach unten und dort ist nichts – nur ein harter Boden in großer Tiefe. Wenn du jetzt abstürzt, wirst du es nicht überleben. Und jetzt stelle dir die gleiche Situation mit einem stabilen Auffangnetz direkt unter deinem Drahtseil vor. Ein besseres Gefühl? Ich denke schon.
Der Gedanke, dass wir uns an jemanden wenden können, wenn wir in Not sind, lässt uns viel gelassener mit Konflikten umgehen. Unseren Hunden geht es nicht anders. Auch sie haben tief verwurzelt das Bedürfnis nach Sicherheit, es ist ein Überlebensfaktor. Ein verlässlicher Bindungspartner, der sich anbietet, wenn es

Schutz bedarf, lässt den Hund den Alltag entspannter angehen.
Einige Hunde bringen diese Form des Urvertrauens bereits mit. Sie haben gelassene Elterntiere, die die passende Gene vererbten, eine fürsorgliche Mutter, die sich in den ersten Lebenswochen gut kümmerte und eine Umwelt, die dafür Sorge trug, keinen übermäßigen oder nicht bewältigbaren Stress entstehen zu lassen. Diese Hunde gehen mit diesem „inneren Arbeitsmodell“ in die nächste Verbindung: zu dir – gute Startbedingungen also.
Wenn es nicht so gut gelaufen ist und dein Hund bereits Skepsis und Misstrauen mit sich bringt, ist es an dir, ihm zu zeigen, dass es sich lohnt, dir zu vertrauen. Dafür gibt es keine „schnellen Übungen“, um hier etwas zu verändern. Es bedarf viel Empathie, Fingerspitzengefühl, Wohlwollen, Umsichtigkeit, Verständnis und gegenseitigen Respekt. Es ist auch nicht mit der Bestätigung oder dem Marker an der richtigen Stelle getan. Hier geht es darum, auf Augenhöhe deinen Hund von deinen Fähigkeiten zu überzeugen.
Geht dein Hund mit dem Vertrauen durch den Alltag, dass du die Verantwortung bei wichtigen Entscheidungen trägst und auf solche Verlass ist, hast du einen Hund, der sich entspannen kann, wenn du in seiner Nähe bist.
Doch all die guten Vorsätze und Worte helfen nicht, wenn du in eine starke Stresssituation kommst. Wenn dich dein Nachbar anmacht, dass du den „Köter“ besser abgeben solltest, wenn du damit nicht klarkommst oder deine Bekannte ein paar Sticheleien loslässt, ob du überhaupt mit so einem Hund umgehen kannst in deiner Situation. Da kann das Schamgefühl übermächtig werden, Zweifel an dir nagen und Traurigkeit dich überwältigen. Für diese akuten Stresssituationen zeige ich dir eine Möglichkeit der Bewältigung, denn dein Hund braucht dich als Ansprechpartnerin und als Fels in der Brandung. In dieser Hinsicht darfst du lernen, solchen Stürmen zu trotzen und dich darauf besinnen, dass **DU die Entscheidungen triffst**, wer und was etwas mit dir macht.

Der Mensch als sicherer Hafen ist eines der wichtigsten Themen, damit der Hund Sicherheit verspüren kann.

4-A-STRATEGIE

Als Bewältigungsmöglichkeit gebe ich dir aus meiner Werkzeugkiste die 4-A-Strategie von G. Kaluza (Stressbewältigung, 2017) mit.
Die 4-A-Strategie bedeutet, bewusste Entscheidungen in einer akuten Stresssituation zu treffen, damit du selbstwirksam und selbstbestimmt handeln kannst. Annehmen, Abkühlen, Analysieren und Aktion/Ablenkung sind dabei die Überschriften. Ich beschreibe sie dir, und du kannst dir überlegen, welche Möglichkeiten dir helfen.

Annehmen

Hier ist es wichtig, dass du bewusst die Entscheidung der Annahme triffst und dich dagegen entscheidest, in eine Opferhaltung zu gehen. Gut ist es, wenn du frühzeitig erkennst, dass es etwas mit dir macht, was dein Gegenüber gerade zu dir gesagt hat. Förderliche Gedanken wären: auch ich darf Fehler machen, mein Hund ebenfalls, und nicht jeder muss mit dem, was ich mache, einverstanden sein. Es ist okay, wenn mein Nachbar/Bekannter eine andere Meinung oder Wahrnehmung hat. So ist das Leben.

Abkühlen

Nimm dir die Zeit, vielleicht verbunden mit einer tiefen Ein- und Ausatmung, um ein wenig Abstand zu gewinnen. Auch hier geht es um die bewusste Entscheidung: raus aus der Opferrolle, rein in die Abkühlphase hin zum klaren Kopf. Deine Entscheidungen kannst DU steuern.

Was hilft dir um abzukühlen?

____

____

____

____

Analysieren

In dieser Phase nimmst du dir kurz die Zeit, dir deine Handlungsmöglichkeiten und -wünsche bewusst zu machen.
Kann ich momentan etwas daran verändern? Ja oder nein?
Ist es mir die Sache wert? Ja oder nein?
Bei zweimal „Ja" geht es in die Planung der Veränderung. Bei einem „Nein" geht es in die Ablenkung.

Aktion oder Ablenkung

Entscheidest du dich für die Aktion, also für das zweimalige Ja, dann überlegst du dir die Möglichkeiten zur Veränderung: das Gespräch suchen, die Sachlage klären, die eigenen Emotionen/Gefühle offenlegen, eine Grenze ziehen „mit mir nicht!“, ein klares Nein formulieren, den anderen mit seinen Befindlichkeiten verstehen wollen etc.

Hast du noch weitere Ideen zur Aktion?

Entscheidest du dich dafür, dass es die Sache nicht wert ist und du momentan nichts tun kannst oder möchtest, lenke deine Gedanken in eine positive Richtung. Musik hören, mit Freunden telefonieren, einen Urlaub machen oder planen, Badewanne, Sauna, Sport, deinen Hund streicheln oder mit ihm spielen etc.

Hast du noch weitere Ideen zur Ablenkung?

Dieses Denken und Handeln kannst du in jeder stressigen Situation anwenden, damit du als Lenkerin und Entscheidungsträgerin deine Welt selbst gestalten kannst.

LEICHTIGKEIT IM SEIN UND TUN

Das soziale Spiel gehört zu den schönsten Möglichkeiten, mit deinem Hund Spaß zu haben und etwas für eure Beziehung zu tun. Es kann Leichtigkeit vermitteln und lässt deinen Hund im Alltag viel mehr auf dich achten. Ein Spiel hat keinen anderen Zweck als das Spielen.

Suche dir einen Ort aus, wo dein Hund sich sicher und wohlfühlt. Biete dich als Spielpartnerin an, achte dabei auf deine Mimik und Gestik. Sie dürfen übertrieben sein, und du darfst lachen. Versuche dich auf dein Gegenüber einzulassen. Spielt dein Hund eher körperbetont oder ist er feinfühlig? Spielt er kopflos oder überlegt? Spiegel deinen Hund doch einmal. Lass ihm immer wieder Raum, dir was anzubieten und steige dann darauf ein. Versuche mal, ohne Hände zu spielen, bewege deinen Oberkörper und schaue, wie dein Hund darauf reagiert.

Fährt er zu schnell hoch und reagiert zu heftig, tut dir das Spielen weh? Hier kannst du durch eine Verlangsamung deiner Bewegungen und klaren Start- und Endsignalen deinem Hund helfen, ein angemessenes Spiel mit dir zu finden. Bei manchen Hunden hilft ein Beenden des Spiels, um dann wieder etwas ruhiger einzusteigen. Ansonsten reflektiere noch einmal den Resilienzfaktor Anpassung und Rahmenbedingungen und nehme dir von dort Anregungen mit.

Hat dein Hund überhaupt kein Vertrauen zu Menschen? Manche Hunde aus dem Ausland, deprivierte oder mangelnd sozialisierte Hunde zeigen

Gemeinsam lachen und Spaß haben ist die Reinform eines harmonischen Miteinanders.

HATTE DEIN HUND SPASS?

War es ein harmonisches Miteinander oder eher ein Gegeneinander?

Zeigte dein Hund eine übertriebene Mimik und Gestik (Spielgesicht)?

War deine Mimik und Körpersprache ebenfalls übertrieben und in Spiellaune?

Blieb dein Hund in der Zeit des Spiels mental und körperlich bei dir oder nahm er sich aus der Situation? War deine Körpersprache kurz davor vielleicht etwas zu präsent?

Gab es verschiedene Bewegungsabläufe und unterschiedliche Ideen des Spiels?

Euer Ziel war nur das Spiel, es gab keine Kommandos oder ähnlich zweckgebundene Themen.

Es gab keinen Gewinner und Verlierer, sondern wechselte sich ab, und du warst auf Augenhöhe mit deinem Hund.

Kannst du viele der Fragen positiv beantworten, war es ein tolles und bereicherndes Spiel für euch beide.

in dem Bereich ein großes Defizit. Fange beim Spielen dann ganz kleinschrittig an. Es sind die kleinen feinen Gesten, die hier viel ausmachen. Halte ein wenig mehr Abstand zu deinem Hund ein und wirke eher über deine Stimme und Stimmung. Das vermittelt bereits die nötige Leichtigkeit. Achte dabei auf deine Körpersprache, die bei unsicheren Hunden raumgebend sein sollte. Am besten filmst du dein Spiel mit ihm. Danach wertest du den Film unter den Gesichtspunkten aus, die im Kasten stehen.

DU ALS RUHEPOL UND ANKER

Um dich als Fels in der Brandung und sicheren Hafen zu etablieren, folgen noch zwei Übungen, die dich dabei unterstützen.

Sich selbst erden hilft auch dem Hund.

Die Achtsamkeits-Atem-Übung

Richte dich im Stehen gerade auf. Du spürst dabei, wie deine Füße fest auf dem Boden stehen. Gehe mit deinen Gedanken kurz in die Fußsohlen und nehme wahr, wie der Kontakt mit dem Boden ist. Schaue so aufgerichtet in die Ferne. Entspanne dabei gerne deine Schultern.

Versuche ein inneres Lächeln entstehen zu lassen. Vielleicht magst du an etwas Schönes denken, was dich in den letzten Tagen positiv berührt hat. Jetzt höre nach innen auf deine Atmung. Bewerte nichts, höre nur zu, wie die Luft langsam deine Lungen füllt und wieder austritt. Wenn du es schaffst, probiere die Zwerchfellatmung aus. Dabei hebt sich kaum der Brustraum, sondern nur die obere Bauchdecke. Wenn du magst, lege deine Hand auf deinen Oberbauch und atme in deine Hand. Beim Einatmen hebt sich die Hand, beim Ausatmen senkt sie sich.

Bleibe gern eine Weile in dieser achtsamen Haltung und spüre hinein, ob sich Prozesse verändern. Vielleicht merkst du, dass deine Gedanken ruhiger werden, oder du fühlst eine angenehme Schwere im Körper wie ein Ankommen tief im Inneren. Wenn du zwischendurch einen tiefen Seufzer machen möchtest, gebe dem gerne nach. Dein Körper sagt dir, was er braucht.

Diese kleine Übung sorgt für Entspannung in allen Organen und gibt dem Gehirn eine wichtige Information zur Ruhe und Gelassenheit. Da das Zwerchfell mit dem Vagussystem verbunden ist, genauer gesagt mit dem dorsalen Vagus, der für die Ruhe und

Eine innere Stabilität braucht es vor allem bei starken Hunden. Dieses Team ist in dem Bereich super aufgestellt.

Regeneration verantwortlich ist, kann die körperliche und mentale Entspannung über die Atmung direkt angesteuert werden.

Notfallübung zum Regulieren aufregender Zustände

Aus dem VagusYoga®-Bereich:
Halte beim Atmen das rechte Nasenloch zu und atme nur durch das linke ruhig und tief ein und aus. Die Atmungsart sorgt für positive Gedanken und drosselt die Geschwindigkeit der Atmung, also genau das Gegenteil zur schnellen Stressatmung, die Zustände noch weiter befeuert.
Wenn du jetzt noch die Zwerchfellatmung dazu nimmst, muss das Zwerchfell mehr arbeiten, um die Atmung passend zu gestalten. Das gibt eine Information an alle umliegenden Organe: Ruhe, eine bessere Selbstwahrnehmung und Konzentration tritt ein.
Besonders wirksam ist es, jetzt das linke Nasenloch bei der Ausatmung ganz leicht zuzuhalten. Die Einatmung erfolgt frei über das linke Nasenloch, die Ausatmung wird verlängert in dem wir das linke leicht zuhalten. Das wirft direkt die Bremse über den Parasympathikus an und sorgt für ein Sicherheitsgefühl. Passend zu dieser Erdung darfst du gerne deinen Kontakt zum Boden wahrnehmen. Wie fühlt es sich jetzt an, fest mit beiden Beinen auf dem Boden zu stehen, welche Qualität hat das?
Das ist eine wunderbare Übung, die jederzeit ihre Wirkung hat. Probiere es aus!

KURZ GEFASST: SOZIALES AUFFANGNETZ

Hier geht es ausschließlich um dich als Fels in der Brandung und als sicherer Hafen für deinen Hund. Du stellst die Weichen und gibst die Richtung vor, in die es geht. Dabei darfst du Fehler machen, auch mal stolpern und feststellen, in die verkehrte Richtung gelaufen zu sein.

Je authentischer du dabei bist, desto besser geht es deinem Hund damit. Denn wenn du nicht an dich glaubst, warum sollte es dein Hund tun?

DEINE EIGENE REISE MIT DEINEM HUND

ANPASSUNG UND ORIENTIERUNG VS. EIGENSTÄNDIGKEIT UND SELBSTWIRKSAMKEIT?

Starke Persönlichkeiten dürfen beides lernen: Eigenständiges Handeln ist erlaubt innerhalb der gesetzten Rahmenbedingungen.

Das Konflikttraining nach dem SUSO-Prinzip

Für die Erhöhung der Resilienz ist dieses Training das Kernelement. Allerdings bedarf es an dieser Stelle einer guten Basis. Daher ist das Anhalten an den Stationen aus Kapitel 3 wichtig, damit du prüfen kannst, ob das Fundament passt.

Hast du dich oder deinen Hund bei den einzelnen Resilienzfaktoren wiedergefunden, empfehle ich dir, vor dem Start des Konflikttrainings nach dem SUSO-Prinzip zuerst die Basis zu stärken. Trainierst du deinen Hund beispielsweise ein paar Wochen intensiv an der Selbstregulation oder schärfst dein Auge, um deinen Hunde besser lesen zu können, wird das nachfolgende Training am Konflikt erfolgreich und nachhaltig sein.
Vielleicht fragst du dich, warum es überhaupt eine Arbeit am Konflikt geben muss. Reicht es nicht aus, wenn der Hund einfach in seinen Kompetenzen gestärkt wird? Eine Arbeit an den Stresskompetenzen deines Vierbeiners ist grundsätzlich nicht verkehrt, denn so kann er zukünftig gelassener in neue Konfliktsituationen gehen. Hat dein Hund jedoch schon einige Krisen oder ein Trauma erlebt, geht es vor allem darum, diese Erlebnisse von dem Speicherort im Langzeitgedächtnis wieder in den Arbeitsspeicher zu holen, um sie bearbeiten zu können. Hier haben wir dann die Möglichkeit, die Geschehnisse zu integrieren oder die Bilder dazu zu verändern. Ein Umschiffen der Konflikte verändert nie die negativ behafteten Bilder, die im Kopf gespeichert sind. Es braucht das Erleben mit neuen Handlungen und Lösungen, um ein neues Bild entstehen zu lassen. „ICH kann" und „ich KANN" sind die wichtigsten Schlagwörter in dem Bereich, die du bereits aus dem letzten Kapitel der 1. Station kennst. So lassen sich neue Bilder der eigenen Fähigkeiten formen, und die alten werden abgelöst.

Bewältigte Konflikte lösen die alten Bilder der Hilflosigkeit ab und integrieren negative Erlebnisse

ANTI-STRESS-TRAINING ODER RESILIENZTRAINING?

Die Entscheidung darfst du treffen. Soll es erst an die Kompetenzen gehen oder darf dein Hund bereits Hindernisse überqueren? Der große Unterschied der beiden Trainingsmöglichkeiten ist der Konflikt. Ein Anti-Stress-Training kann auch ohne Konflikte stattfinden. Das Resilienztraining ist dem übergeordnet und setzt den Kompetenzen quasi die Krone auf: Handlungsfähigkeiten werden direkt am Konflikt erlernt. Bei einem Menschen besteht die Möglichkeit eines Resilienztrainings zusätzlich durch Rollenspiele oder „in sensu" – mit den Gedanken, da wir uns in Konflikte reinfühlen können. Bei Hunden findet ein Resilienztraining ausschließlich durch ein Training „im Leben" (in vivo) statt. Hier lässt sich unter Trainingsbedingungen ein kontrollierbarer Rahmen schaffen, sodass sich der Hund in seiner Resilienz weiterentwickeln kann. Ein konfliktfreies Resilienztraining gibt es jedoch nicht.

ENTSPANNTE WACHHEIT

Vor und nach dem Konflikttraining solltest du sicherstellen, dass dein Hund eine sogenannte „Entspannte Wachheit" zeigt. Es ist ein neugieriges und offenes Verhalten in einem regulierten Zustand. Das ist zum einen ein guter Einstieg in den Lernprozess, zum anderen braucht es diesen Zustand, um zu regenerieren. Eine lockere und leichte Stimmung kann von dir vorgelebt werden. Es helfen aufmunternde Worte (Stimmungsübertragung) oder ein kleines Spielchen in lockerer Atmosphäre. Positive Emotionen sind hier jetzt äußerst wertvoll, denn Erlebnisse werden immer mit Emotionen im Gedächtnis abgespeichert. Nach dem Training braucht es eine ruhige Atmosphäre, damit das Erlebte nachwirken kann.

So sieht eine entspannte Wachheit aus. Der Körper zeigt eine entspannte Haltung, die Aufmerksamkeit ist im ruhigen Bereich auf die Umwelt gerichtet.

VORBEREITUNG FÜR DAS RESILIENZTRAINING NACH DEM SUSO-PRINZIP

Nimm dir ein Blatt Papier und schreibe dort alle Konflikte/Stressoren/Reize auf, die dein Hund als solche empfindet. Denke an die letzten Wochen und überlege gründlich. Je mehr du aufschreibst, desto besser. Sortiere die Themen in diese Tabelle nach Stärke ein (1 Schwacher Reiz, schwache Erregung bis 10 Stärkster Reiz, starke Erregung). Du kannst die Tabelle gerne verlängern, wenn dir noch mehr einfällt. Es dürfen auch positive Emotionen hinein, bei denen dein Hund sich nicht mehr gut kontrollieren und selbst regulieren kann.

DIE AUFREGERLISTE

	Reiz	Emotion
1		
2		
3		
4		
5		
6		
7		
8		
9		
10		
11		
12		
13		
14		
15		

Mach dir jetzt Gedanken, welche Emotion hinter jedem einzelnen Reiz steckt, die das Verhalten deines Hundes hervorruft. Schreibe die auslösende Emotion dahinter.
Die Basisemotionen sind: Freude, Trauer, Ärger/Wut, Angst/Furcht/Unsicherheit und Ekel. Es kommen auch Mischungen der Emotionen innerhalb einer Situation vor, so kann Angst in Wut umschlagen und umgekehrt.
Ein Beispiel zur Erklärung: Wenn Besuch kommt, ist dein Hund sehr aufgeregt und springt ständig hoch. Sein Ausdrucksverhalten zeigt Freude, die jedoch so stark ist, dass er sich kaum beruhigen kann. Er nimmt keine Leckerlis mehr an und kann nur wenig Rücksicht nehmen. Freudig schmeißt er die Kinder oder andere nicht standfeste Personen um. Er braucht sehr lange, um sich zu beruhigen. Der Reiz „Besuch" kommt in die Tabelle mit der Emotion Freude. Da die Erregung sehr hoch ist und kaum eine Ansprache des Hundes möglich ist, kommt der Punkt in den Bereich 5. – 10.

»Um neue Handlungsfähigkeiten am Konflikt zu lernen, braucht es eine gute Vorbereitung.«

Hast du die Tabelle fertig, beginne mit dem ersten Punkt, also den schwächsten Reiz. Erstelle dir dazu einen Trainingsplan. Was möchtest du für dich und deinen Hund in Bezug zu diesem Punkt erreichen?
Bei vielen Punkten wirst du dir sicher mehr Ruhe und Gelassenheit wünschen, vielleicht gewürzt mit einer Prise Optimismus und positivem Denken. Wie kann ein Trainingsaufbau aussehen, um frühzeitig deinem Hund die Chance zu geben, mit einer anderen Haltung in die Situation zu gehen? Und was hilft ihm in der Situation sein Nervensystem zu beruhigen? Ist es Schutz, Sicherheit durch einen klaren Rahmen, Erkundungsverhalten, Selbstwirksamkeit oder eigene Entscheidungen treffen zu dürfen? Im Bereich dieser Antworten lässt sich das Bedürfnis feststellen, welches hinter dem Verhalten steht, und passend dazu dann eine Verhaltensveränderung bewirken.
Nehmen wir an, der schwächste Punkt ist ein Wegrennen vor dem Staubsauger. Dein Hund hechelt, während du staubsaugst, sein Ausdrucksverhalten zeigt Stress an. Die Emotion dahinter ist Angst/Unsicherheit.

→ Wann fängt das Verhalten an?

Bei Sichtung des Staubsauger

→ Mit welcher Stimmung hole ich den Staubsauger?

Ich bin in einer fröhlichen oder gelassenen Stimmung, denn ich weiß, dass von dem Staubsauger keine Gefahr ausgeht. Meine Blicke sind bei der Sache (staubsaugen) und nicht sorgenvoll beim Hund.

→ Wie kann ich die Emotion Angst verändern?

Kennenlernen des Staubsaugers, Positives damit verbinden, Ruhe und Entspannung in der Nähe des Staub-

Geht's auch stressfrei? Klar – beim Erhöhen der Basiskompetenzen. Allerdings hält das Leben stets kleine und große Stressoren, Konflikte und Widrigkeiten für den Hund parat. Gut, wenn er gelernt hat, mit Stress umzugehen, seine Meinung zu äußern und trotzdem eine Situation nicht eskalieren zu lassen.

saugers erleben, die Bindungspartnerin hält den Hund in einem rahmenden und beruhigenden Haltegriff, den Staubsauger als gewöhnlichen Alltagsgegenstand sehen, der Mensch strahlt Ruhe und Besonnenheit aus, und der Hund orientiert sich an dieser Haltung, es gibt eine lösbare Aufgabe während des Staubsaugens (z. B. den Schnüffelteppich), Erkundungsverhalten wird gefördert etc.

TRAINIEREN DER RESILIENZ NACH DEM SUSO-PRINZIP

Zu einem Training, welches tief gehende Verhaltensweisen verändern soll, gehört unabdingbar ein kleinschrittiges Vorgehen und ein langsames Steigern der Reize und Konflikte. Lass es also langsam und genau durchdacht angehen, so kannst du die Emotionen und das Verhalten deines Hundes in angemessene Bahnen lenken.

Bei dem SUSO-Prinzip wird mit den Bedürfnissen deines Hundes gearbeitet und genug Raum für seine eigenen Ideen gelassen. Dein Auftrag ist es, dich passend als Co-Regulatorin und Sicherheitsgeberin einzubringen.

Das SUSO-Prinzip steht für:

Sinnhaftigkeit

Trainierst du mit der Sinnhaftigkeit deines Hundes, wird er sich mit einer größeren Kooperationsbereitschaft darauf einlassen. Wenn die Lust am Training vorhanden ist, dann erscheinen auch konfliktbehaftete Hürden nicht mehr so hoch. Die sinnhaften Bedürfnisse deines Hundes hast du bereits bei Station 2 „Positive Grunderwartungshaltung, Optimismus, Heldentum, Sinnhaftigkeit" unter die Lupe genommen. Diese Liste kannst du jetzt in das Training einbinden. Im

Der Dackel sieht sicher einen ganz anderen Sinn in seinem Dasein als der Golden Retriever.

Taktile Unterstützung nennt man es, wenn der Mensch seinen Hund passend durch Berührungen stabilisiert oder ermutigt.

Gelassen abwarten, was kommt und wie der Mensch reagiert.

Hormonsystem deines Hundes unterstützt dich dabei der Botenstoff Dopamin, er schafft die Lust an der Tätigkeit und zeigt sich in Neugierde und Erkundungsverhalten.

Unterstützung im sozialen Bereich

Leckerlis und Co. können Brücken bauen und Trainingseinheiten unterstützen. Doch langfristig kommt eine gute Beziehung ohne materielle Hilfsmittel aus. Mit einer authentischen Mimik, Gestik und Körpersprache erfährt der Hund deine Unterstützung. Durch echte Freude, einer verständlichen Kommunikation, gegenseitigem Respekt und einer wohlwollenden Betrachtung ist der Raum für eine tief gehende Verbindung mit deinem Hund gegeben. Mit deiner Stimme und Berührungen kannst du ihn ergänzend unterstützen.

Selbstregulation

Hat dein Hund gelernt, sich in aufregenden Situationen selbstständig herunterzufahren und seine Impulse unter Kontrolle zu halten, reagiert er wesentlich gelassener auf seine Umwelt. Eine Unterstützung kannst du anbieten, indem du die feinsten Signale deines Hundes im Bereich der Selbstregulation wahrnimmst und sie passend beantwortest, am besten mit einem sehr ruhigen „Keep going-Signal“.

Optimistisches Bewerten neuer Situationen

Die meisten Resilienzfaktoren kommen hier zusammen, wie beispielsweise Selbstwirksamkeit, Handlungsfähigkeit, Kontrollüberzeugung, Problemlösefähigkeit, Ideenreichtum u. v. m. Je häufiger ein Konflikt für deinen Hund gut ausgeht, desto optimistischer wird er in die nächste Situation gehen. Je öfter er optimistisch denkt, desto mehr baut sich die „Datenautobahn“ im Gehirn für diesen Prozess aus und schafft Raum für eine grundlegend positive Haltung an das Leben.

AUFBAU EINES RESILIENZTRAININGS NACH DEM SUSO-PRINZIP

Zusammenfassung des Inhalts

Dein Hund soll langsam neben dir gehen und Pfote für Pfote bewusst aufsetzen und sich dabei an dir und deinen Tempovorgaben orientieren. Ihr geht auf einen Gegenstand zu, der deinen Hund reizt, weil er ihn entweder spannend oder gruselig findet. Er erhält kurz vor dem Gegenstand eine sinnerfüllende Belohnung. Jede nachfolgende neugierige oder ruhige Annäherung an den Reiz bekommt deine soziale Unterstützung durch Lob und Anerkennung. Je nach Typ Hund und seinem Verhalten kann mit einer bereits aufgebauten „Helden“beschäftigung der Reiz positiv belegt werden.

1. Trainingsschritt

Was im Stehen nicht klappt, wird im Gehen schwierig. Das Thema der Selbstregulation findet bereits im Stand statt d. h., dein Hund steht oder sitzt bei dir und richtet seine Aufmerksamkeit auf dich. Solange er nicht wirklich bei dir ist, gilt es, dieses Gespräch genau an dieser Stelle weiterzuführen, durch eine Raumvorgabe („hier darfst du dich einfinden!"), anhand von Berührungen oder verbale Ansprachen. Je nach Typ Hund kannst du darauf achten, körpersprachlich Platz für die Kooperation zu lassen, also deinen Körper leicht von dem Hund weglehnen, sodass dein Gespräch einladend wirkt. Bei stark motivierten Hunden kann dein Körper auch raumnehmend eingesetzt werden. Halte den Kontakt aufrecht. Schaut er weg, erinnere ihn durch eine ernste und deutliche Ansprache an deinen Wunsch. Findet er sich wieder bei dir ein, gehe in die freundlich lobende ruhige Haltung. Aus diesem formulierten Stand heraus, geht es erst in die langsame Dynamik.

2. Trainingsschritt

Übe das langsame Gehen mit 80 % reduzierter Geschwindigkeit. Unterstütze deinen Hund sozial: lobe, motiviere oder schränke ein. Setze deine Körpersprache so ein, dass er ruhig und konzentriert neben dir geht. Stehst du noch ganz am Anfang des Trainings oder hast du einen sehr impulsiven Hund, dann nimm dir erst einmal sehr kurze Strecken vor (3 – 5m). Das Ziel ist ein langsames und flüssiges Gehen, bei dem dein Hund ein Gefühl für seine vier Pfoten entwickeln darf und Bodenhaftung erfährt. Er soll während dieser Zeit mit dir in Kontakt stehen. Entweder schaut er dich an oder er zeigt Signale, dass er mental bei dir ist. Besonders tief gehend wird das „Gespräch" zwischen dir und deinem Hund, wenn du die Leine nicht nutzt, da sie oft ein Kommunikationshemmer ist und zu viel darüber gearbeitet wird. Arbeite aber nach deinen Möglichkeiten. Wenn dir die Leine Sicherheit gibt, kannst du sie natürlich nutzen. Du darfst deinen Hund bei diesem 2. Trainingsschritt sehr gerne anfassen, ihn sanft neben deine Beine formen und ihn verbal begleiten, dadurch gibst du eine Information mit deinem ganzen Körper.

Die verbindliche Ansprache als Information, dass es jetzt im engen Kontakt weitergeht. Die Körpersprache des Menschen ist vom Hund leicht weggelehnt und lässt mehr Platz für die Kooperation.

Wie erkennst du, dass dein Hund mental bei dir ist?

Anhand des Ausdrucksverhaltens kannst du bei deinem Hund erkennen, ob er nur physisch neben dir steht, aber mit seinen Gedanken woanders ist, oder er auch mit seinen Gedanken bei dir ist, sich an dir orientiert und dir zuhört.

Ausdruck

(abhängig von Rassemerkmalen, Lernerfahrungen und Umweltbedingungen)

Die Rute hängt entspannt herunter oder wedelt leicht mittig, der Körperschwerpunkt ist mittig oder leicht zu dir gelehnt, die Ohren sind entspannt oder leicht nach hinten gerichtet, die Ohrmuschel neigt sich immer mal wieder zu dir, das Gesicht sieht glatt aus, die Augen schauen entweder entspannt nach vorne, zu deinen Beinen oder in dein Gesicht.

Verhalten

Dein Hund zeigt sich abwartend, wie du als nächstes agierst. Er bleibt stehen, wenn du stehen bleibst, er wird langsamer, wenn du langsamer wirst, und wenn du die Richtung wechselst, folgt er dir. Er bekommt sofort mit, wenn du etwas an deiner Stimmung oder Haltung veränderst. Er schaut dich dann an. Insgesamt wirkt er an dir orientiert.

Hier richtet die Boxerhündin Luna die volle Aufmerksamkeit auf ihren Menschen.

Ein an dir orientierte Hund muss dich nicht unbedingt anschauen, er bekommt aber mit, wenn du stehen bleibst. Eine gute Möglichkeit, um die Orientierung zu testen.

Verkleidete Vogelscheuchen sind für viele Hunde ungewöhnlich, von daher bieten sie sich zum Training gut an.

3. Trainingsschritt

Überlege dir:

– Welchen Gegenstand findet dein Hund gruselig oder spannend?

Die Aufregung deines Hundes bei dem Gegenstand sollte am besten im niedrigen bis mittleren Bereich liegen (siehe „Aufregungsliste").

Beispiele: ein leerer Fressnapf, ein aufgeblasener Müllsack, ein Hundedummy, eine Halloweenfigur an einem ungewöhnlichen Ort, ein verkleideter Mensch oder Flatterband

– Was macht deinem Hund Spaß und erfüllt ihn sinnhaft?

Wähle eine Tätigkeit aus, die er bereits gut beherrscht (siehe Anregungsliste zur Sinnfindung).

4. Trainingsschritt

Baue das Übungsfeld so auf, dass der Gegenstand etwa 20 m von eurem Startpunkt entfernt ist.

Starte mit Ruhe: Richte dich gerade auf, fokussiere dein Ziel, achte auf ein inneres Lächeln und somit auf eine positive Einstellung (siehe Station 7: Das soziale Auffangnetz, das Achtsamkeits-Atemtraining). Hier findet die soziale Unterstützung durch das souveräne Aufrichten, die Zielfokussierung und die passende Einstellung ihre Anwendung.

Gehe mit deinem Hund langsam (um 80 % reduzierte Geschwindigkeit) auf den Gegenstand zu. Achte darauf, dass euer gemeinsames Gehen flüssig ist, also kein ständiges Stehenbleiben beinhaltet. Dein Hund soll die Pfoten beim Gehen einzeln aufsetzen. So finden bereits die Selbstregulation und Selbstwahrnehmung ihre Anwendung (Bild 1 nächste Seite).

Bleib mit deinem Hund „im Gespräch". Achte darauf, dass er noch mental bei dir ist.

Du kommst langsam auf den Gegenstand zu und gehst kurz vorher einen kleinen Bogen (Bild 2), sodass du etwa 5 m daneben zum Stehen kommst. Hier kannst du gern deinen Hund durch ein langsames Abstreichen erden.

Nun bereitest du ihn auf die Tätigkeit vor, die er als sinnhaft anerkennt.

Für deinen Hund hat es sich gelohnt, diesen Weg mit dir zu gehen (Bild 3).

1

2

3

4

1 Im Kontakt geht es in Richtung des unbekannten Gegenstandes.

2 Es geht in einem kleinen Bogen zu dem Gegenstand, nicht frontal, so bleibt mehr Raum für das eigene Erkundungsverhalten des Hundes.

3 Als Abschluss des gemeinsamen Weges gibt es etwas aus dem Futterbeutel, und zeitgleich werden positive Emotionen geweckt, denn es geht direkt danach in die Arbeit mit dem Futterbeutel.

4 Ab hier darf der Hund die Entscheidung treffen. Möchte er das Unbekannte kennenlernen oder doch lieber erst mal ein paar mutmachende Tätigkeiten erleben, wie zum Beispiel die Futterbeutelsuche. Luna entscheidet sich für das Erkundungsverhalten und wird natürlich dabei von ihrem Menschen unterstützt.

Achte darauf, was dein Hund mit dem Gegenstand macht, der neben euch steht. Du brauchst nicht tätig werden, lass das natürliche Erkundungsverhalten zu. Geht er neugierig hin, dann unterstütze ihn verbal dabei (Bild 4). Meidet er den Gegenstand? Das ist auch okay. Verbellt er den Gegenstand? Ruf ihn zu dir oder, wenn es für dich passend ist, kommuniziere das klare „Nein" und widme dich weiter seinem sinnhaften Hobby. Für das optimistische Bewerten einer Situation braucht es die intrinsische Motivation deines Hundes. Das bedeutet, es soll von ihm aus kommen, inwiefern er sich mit dem Reiz auseinandersetzen möchte. Du stellst die Weichen, dein Hund muss die Schritte dahin allein gehen. An dem Trainingsort kannst du so lange verweilen, wie ihr wollt. Je mehr Leichtigkeit hier einfließt, desto besser ist es für das zukünftige Verhalten deines Hundes. So werden neue Bilder im Umgang mit neuen Situationen geschaffen.

Das Konflikttraining kann auch passend für Hunde mit schwierigen Verhaltensweisen abgewandelt werden, beispielsweise bei einem aggressiven Verhalten gegenüber fremden Menschen. Mit einer Schleppleine und einem Maulkorb abgesichert, können so neue Bilder der Leichtigkeit entstehen, wenn alle Probanden passend mitmachen. Dazu passt wunderbar das Targettraining über Kooperation, wie du es bei Station 1 beschrieben findest. So kann der Hund über Nähe und Distanz aktiv mitentscheiden und wie im Bild 8 den Konflikt mit neuen Bildern und Leichtigkeit erleben.

5

6

7

8

5 Jetzt noch ein wenig Futterbeutelarbeit in der Nähe des Gegenstandes.

6 Und los! Hoch motiviert geht Luna ihrem Auftrag nach.

7 Super gemacht, ich bin stolz auf dich!

8 In die Nähe des unbekannten Objekts kann der Apportiergegenstand auch gelegt werden. So braucht es vielleicht etwas mehr Mut. Passend zum Hund verstärkt der Mensch durch Lob das Heldentum.

SERVICE

Abschließen möchte ich mit meinem Lieblingszitat:

»Wenn sich eine Belastung als kontrollierbar erweist, kehrt sich plötzlich alles um, aus einer Bedrohung wird eine Herausforderung, aus Angst wird Zuversicht und Mut, aus Ohnmacht wird Wille, und am Ende, wenn wir es geschafft haben, spüren wir, wie unser Vertrauen in das, was wir wissen und können gewachsen ist.«

Gerald Hüther, 1999

DANKE

In erster Linie gilt mein Dank meiner Familie: meinem Mann, der mich in meiner Selbstständigkeit stets ermutigt hat und sich um die Kinder kümmerte, während ich mich in das Buchschreiben vertiefte. Meine Kinder Louis und Levi, die mich mit ihrer Sicht auf die Welt immer wieder inspirieren und das Wort Resilienz mittlerweile in ihren Sprachjargon übernommen haben. Resiliente Kinder mit eigener Meinung zu haben, ist besonders wertvoll, um das Thema im Ganzen zu verstehen.
Außerdem ein großes Dankeschön an den kompletten Rest der Familie: Mama, Papa, Schwester, Schwager, Nichte, Neffe, Tante, Onkel, Oma und Schwiegereltern. Alle haben sie Korrektur gelesen, sich mit mir Gedanken gemacht, kritisiert oder mir auf die Schulter geklopft.
Zwei Menschen aus der Hundeszene möchte ich besonders danken: **Thomas Baumann**, der mir den Weg in das professionelle Mensch-Hund-Training zeigte. Seine Analysen und die Pro-Hund und Pro-Mensch Einstellung sind für mich bis heute wegweisend. Und Hundetrainerin und Autorin **Gülay Ücüncü**, ein herausragend authentischer Mensch, der so viel Empathie und Fingerspitzengefühl im Umgang mit anderen Menschen und Hunden in sich trägt. Gülay erträgt mein Chaos, überarbeitet innerhalb von 24 Stunden mal kurz mein Buch und ist jederzeit mit Rat und Tat dabei.
Sophie Strodtbeck und ihre resiliente Sicht auf die Welt, sowie **Prof. Dr. Bernd Schröder** mit seinem Fachwissen, möchte ich auch noch gesondert hervorheben. Sie sind beide tolle Autoren, die ich stets ansprechen konnte und die ihr Wissen gerne teilten.
Vielen Dank an meine Mitarbeiterinnen: der Bürofee Ines, die mir den Rücken freihält und meine Mensch-Hund Expertinnen Doreen, Jessica und Jessica, Ute, Nicole, Conny und Tanja. Ohne euch kann ich mir die Hundeschule kaum noch vorstellen.
Und ganz zum Schluss gilt ein sehr großes Dankeschön all den Menschen und Hunden, die ich begleiten durfte. Ich durfte von ihnen viel lernen, vor allem wie bunt die Welt der Persönlichkeiten ist. Und das Hundetrainerinnen eigentlich Menschentrainerinnen, Fachrichtung Hund sind. Ohne diese Mensch-Hund Teams gäbe es das Buch, die Fallbeispiele und die tollen Bilder dazu nicht.
Danke ebenfalls für die Unterstützung an Katja Pauls vom KOSMOS Verlag und an die Fotografin Anna Auerbach.

VERWENDETE UND WEITERFÜHRENDE LITERATUR

Aron, Elaine N.; Aron, Arthur (1997): Sensory-processing sensitivity and its relation to introversion and emotionality. Journal of Personality and Social Psychology 73: 345 – 5368.

Acevedo, Bianca P.; Aron, Elaine N.; Aron, Arthur; Sangster, Matthew-Donald; Collins, Nancy; Brown, Lucy L. (2014): The highly sensitive brain: An fMRI study of sensory processing sensitivity and response to other's emotions. Brain and Behavior 4: 580 – 5594.

Corrieri, L.; Adda, M.; Miklósi, Á.; Kubinyi, E. (2018): Companion and free-ranging Bali dogs: Environmental links with personality traits in an endemic dog population of South East Asia. PLoS One 13(6): e0197354

Höglin, A.; Van Poucke, E.; Katajamaa, R.; et al.: Long-term stress in dogs is related to the human – dog relationship and personality traits. Sci Rep 11, 8612 (2021). https://doi.org/10.1038/s41598-021-88201-y

Howse, M. S.; Anderson, R.E.; Walsh, C. (2018): Social behaviour of domestic dogs in a public off-leash park. Behavioural Process, in press.

Jagiellowicz J.; Xu X; Aron A; Aron E; Cao G; Feng T, Weng X (2011): The trait of sensory processing sensitivity and neural responses to changes in visual scenes. Soc Cogn Affect Neurosci. 6: 38 – 47.

Kaluza, Gert (2017): Stressbewältigung. 4. Auflage. Springer Verlag, Berlin.

Kis, A.; A. Ciobica; J. Topál (2017): The effect of oxytocin and human-directed social behavior in dogs. Hormones and behavior, 94, 40 – 52

McEwen, B.; Gianaros, P. (2011): Stress- and Allostasis-Induced Brain Plasticity; 2011 Annual Review of Medicine 62(1):431 – 545; DOI:10.1146/annurev-med-052209-100430

Oliva, J. L.; J.L.; Rault, B.; Appleton, Lill, A. (2015): Oxytocin enhances the appropriate use of human social cuesby the domestic dog in an object choice task. Animal cognition, 18(3), 767 – 5775

Olsen, U. (2008): Zusammenhänge zwischen Hundeverhalten und unterschiedlicher Einschränkung des Hundes durch die Leine. Dissertation Fachbereich Veterinärmedizin der Freien Universität Berlin.

Pereira, Maria; Lourenco, Antonio; Lima, Mariely; Serpell, James; Silva, Karine: Evaluation of mediating and moderating effects on the relationship between owner's and dog's anxiety: a tool to understand a complex problem, Journal of Veterinary Behavior (2021), doi: https://doi.org/10.1016/j.jveb.2021.03.004

Rattenexperiment: Maier, S.F., Seligmann, M.E.P.: Learned Helplessness at fifty: insights from neuroscience. Psychol. Rev. 2016; 123:349 – 5367

Stahlbad Studie: Seery, M.D.; Holman, A.E.; Silver, R.C.: Whatever does not kill us: cumulative lifetime adversity, vulnerability, and resilience. J.Pers Soc. Psychol. 2010; 99:1025 – 51041

Šešo-Šimić, Sedmak et al. (2010): Recent advances in the neurobiology of attachment behavior. In: Translational Neuroscience 1(2):148 – 5159; DOI:10.2478/v10134-010-0020-0

Verschiedene Feldforschungen zu dem Einwirken der Menschen:
Battaglia, C. L. (2009). Periods of early development and the effects of stimulation and social experiences in the canine. Journal of veterinary Behavior, 4(5), 203 – 5210

Bray, EE; Sammel, MD,; Cheney, DL; et al.: Effects of maternal investment, temperament and cognition on guide dog success. Proc Natl Acad Sci USA 2017; 114 (34): 9128-9133. Doi:10.1073/pnas.1704303114

Hüther, Gerald; 2014: Biologie der Angst, 12. Auflage, Vadenhoeck & Ruprecht, S. 37 und folgende, ISBN 978-3-525-01439-4

Javier, A.; Bravoa; Forsythe, Paul; Marianne, V.; Chewb; Escaravage, Emily; Savignaca Hélène M.; Dinana, Timothy G.; Bienenstock, John; Cryana, John F.: Ingestion of Lactobacilluss train regulates emotional behavior and central GABA receptor expression in a mouse via the vagus nerve

„Similarity of the dog and human gut microbiomes in gene content and response to diet", Luis Pedro Coelho et al.; Microbiome, DOI: 10.1186/s40168-018-0450-3

Meaney, MJ (2001): Maternal care, gene expression, and the transmission of ndividual differences in stress reactivity across generations. Ann Rev Neurosci, 24: 1161 – 592.

Persson ME; Trottier, AJ; Bélteky, J.; et al.: Intranasal oxytocin and a polymorphism in the oxytocin receptor gene are associated with human-directed social behavior in golden retriever dogs. Horm Behav 2017; 95: 85 – 93. Doi10.1016/j.yhbeh.2017.07.016

Rezac, Petr; et al. (2011): Factors affecting dog – dog interactions on walks with their owners. Applied Animal Behaviour Science 134: 170 – 176.

Schöberl, Iris; Wedl, Manuela; Beetz, Andrea; Kotrschal, Kurt: Psychobiological Factors Affecting Cortisol Variability in Human-Dog Dyads; Published in PLOS ONE: February 8, 2017; https://doi.org/10.1371/journal.pone.0170707

Aus dem Kosmos Verlag

Gansloßer, Udo; Kitchenham, Kate: **Hundeforschung aktuell**

Gansloßer, Udo; Krivy, Petra: **Verhaltensbiologie Hund** – Praxisbuch

Mehl, Robert: **Die Psyche des Hundes**

Nitzschner, Marie: **Die Persönlichkeit des Hundes**

BILDNACHWEIS

184 Fotos wurden von Anna Auerbach/Kosmos für dieses Buch aufgenommen.
Weitere Farbfotos von Stefan Holzinger (fellnasenshooting) (S. 26 oben, 69 rechts, 169), M. ROELL (S. 51 oben) und Shutterstock (S. 13: Wolfilser; S. 14: Izf; S. 18: MattLphotography; S. 32: FabrikBilder; S. 40: L.Kora; S. 42 links: ANON MUENPROM; S. 47: RHJPhtotoandilustration; S. 57: BalkanCat; S. 58: Lia Sanz; S. 65 unten: Chu KyungMin; S. 89: Kostas Koutsaftikis; S. 140: DTeibe Photography; S. 146/147: JordiStock; S. 148: Smit) und Horst Streitferdt/Kosmos (S. 7 rechts, 8, 20, 21, 26, 29, 37, 40, 45 Mitte und rechts).

IMPRESSUM

Umschlaggestaltung von Jeanne von Stuyvenberg/die Basis unter Verwendung eines Farbfotos von Anna Auerbach/Kosmos. Alle Fotos der Umschlagklappen von Anna Auerbach/Kosmos.
Mit 201 Farbfotos.

Gedruckt auf chlorfrei gebleichtem Papier

ISBN 978-3-440-17293-3
Redaktion: Katja Pauls
Gestaltung und Satz: Atelier Krohmer, Dettingen/Erms
Produktion: Nina Renz
Druck und Bindung: Westermann Druck Zwickau GmbH, Zwickau
Printed in Germany / Imprimé en Allemagne

FSC
www.fsc.org
MIX
Papier | Fördert gute Waldnutzung
FSC® C110508